《海洋生物多样性》一书的出版得到了中国科学院科技基础性工作专项（No. 2014FY110500）、科技先导专项（No. XDA11020303）的资助。

海洋生物多样性

［日］大森　信　［美］Boyce Thorne-Miller　著
季　琰　孙忠民　李春生　译

中国海洋大学出版社
·青岛·

图书在版编目（CIP）数据

海洋生物多样性 / 季琰，孙忠民，李春生译. —青岛：中国海洋大学出版社，2018.6（2020.9重印）
ISBN 978-7-5670-1809-9

Ⅰ.①海… Ⅱ.①季…②孙…③李… Ⅲ.①海洋生物—生物多样性—研究Ⅳ.①Q178.53

中国版本图书馆CIP数据核字（2018）第103160号
版权备案号 图字-2018-74

出版发行 中国海洋大学出版社
社　　址 青岛市香港东路23号　　**邮政编码** 266071
出 版 人 杨立敏
网　　址 http://pub.ouc.edu.cn
电子信箱 94260876@qq.com
订购电话 0532-82032573（传真）
责任编辑 孙玉苗　姜佳君　　**电　　话** 0532-85901040
印　　制 青岛国彩印刷股份有限公司
版　　次 2019年6月第1版
印　　次 2020年9月第2次印刷
成品尺寸 170 mm × 230 mm
印　　张 20
字　　数 194千
印　　数 1001~2000
定　　价 68.00元
发现印装质量问题，请致电0532-58700168，由印刷厂负责调换。

译者简介

季琰，男，1972年12月生，青岛职业技术学院副教授，研究方向为海藻生理生态学；1995年毕业于中国海洋大学海洋生物系，2002年于东京海洋大学获得博士学位。

孙忠民，男，1977年12月生，中国科学院海洋研究所副研究员，研究方向为大型海藻分类与系统演化；2000年毕业于集美大学水产学院，2008年于东京海洋大学获博士学位。

李春生，男，1936年2月生，原中国科学院海洋研究所教授，研究方向为海洋鱼类分类学；1962年毕业于厦门大学，1966年于中国科学院海洋研究所获得硕士学位。

生命的法则

请不要妨碍自然界对自身的经营。
陆地上人满为患，请不要将陆上的人口压力转嫁到海洋。
陆地上所有人应平均分配到肉食。
请保护岛上富饶的生态环境的源泉，特别是珊瑚礁和森林等。
人类所得到的恩赐均来自大自然，经过我们的身体最终又回归大自然。
一切福祉都与自然界的恩赐紧密相连。
因此，请不要忘记所有的恩赐都不是取之不尽的。

摘自密克罗尼西亚联邦雅浦自然科学研究所
刊行的《雅浦岛潮汐表》（2000年版）

目录

序言

达尔文与“贝格尔”号邮票

（阿森松，1982）

达尔文参加了“贝格尔”号历时5年的环球航海，依据自己的所见所闻完成了《物种起源》这部著作。

地球上的生物究竟有怎样的特征呢?

这些种类纷繁、形态多样的生物应该在自然界中共存吧。查尔斯·达尔文在著名的“贝格尔”号上航海时，切身感受到生物的千姿百态、变化无穷，由此提出了生物的形态不断进行多样性变化的进化论。化石和基因方面的分析研究促进了进化论的进一步发展，后续研究的科学家对进化论进行批判与增补并形成了新的理论。相关结果明确地告诉我们，曾经在地球上生存的99.99%以上的生物种类已经灭绝。

人们也许会感叹怎么会有如此多的生物种类已经灭绝，但是，现在的陆地和海洋中依然栖息着如此众多的生物。

许多体形巨大、色彩斑斓、活动方式奇妙的生物容易引起人们极大的研究兴趣。然而我们对于这类生物的了解也仅是冰山一角，许多种类尚未被发现就已经灭绝，我们对它们无从知晓。如此多的生物种类，意味着生物较高的多样性。关于生物多样性，经常被提到的是热带雨林，而近年也有关于珊瑚礁的报道。

“生物多样性（Biodiversity）”一词是由Wison E O和Peter F M在1988年所著*Biodiversity*一书中首次提出的，现已司空见惯，但它的含义是否已被真正理解还很难说。

“多样性”这个词经常在国际政治及媒体报道中出现，我们似乎能够描述出它的含义。然而生物多样性到底是什么呢？为何该词会在现代科学中横空出世呢？而我们研究生物多样性，探索保护多样性的方法又意味着什么呢?

在讲述生物多样性之前，我们有必要先介绍生态系统。

从潮间带的小水洼到大面积的干涸区域乃至整个大洋等特定环境中栖息的生物群落与对其产生影响的温度、光照、海流等非生物环境所组成的功能性系统，我们称之为生态系统。

简单说就是“自然”。自然界中，生物可被分为生产者、消费者和分解者。三者相互配合，维持了生态系统的运作。生产者通过光合作用及化能合成作用等将无机物转化成有机物，以有机物为食物的生物，即消费者，通过捕食与被捕食的关系逐渐将营养向食物链中较高营养级的消费者传递，而生产者和消费者的遗骸和排泄物又被分解者转化成无机物。

生态系统是一个封闭的系统。碳、氮、磷等主要化学元素在系统中循环，在生物之间活跃地交换，其储存量基本不变。与物质循环同时发生的，是生产者所储存的能量转移给消费者和分解者，最终通过呼吸作用释放。在生态系统中，生物群落反过来又影响非生物环境。

另外，生物个体之间存在着对栖息地的争夺、共生及捕食与被捕食等多种关系（图1）。

无论在哪里，适应了当地环境的生物相互作用，形成群落。在38亿年的光阴中，通过演化，地球上的生物物种数不断增多，并分布到每一个角落。有些物种能适应地球上恶劣的生存环境，从寒冷

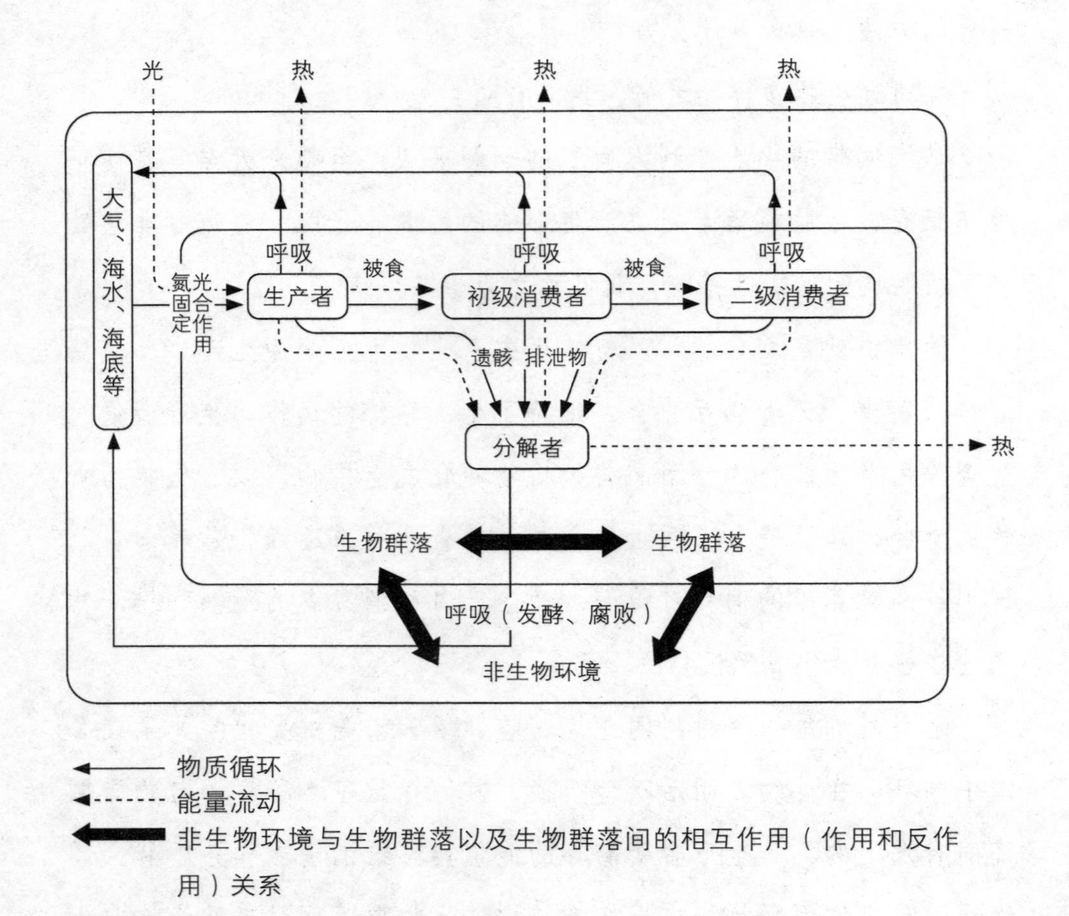

图1　生态系统的物质循环与能量流动

的南极浅海到温度高达110℃的深海热液喷口都能见到多种生物。

生物群落即使在非生物环境被破坏时也不会轻易解体。即便某些物种的个体数变少，取而代之的物种的个体数增加也可以使生态系统的功能得以恢复。正是生物多样性维持着生态系统这种“弹性”。生态系统的稳定性与恢复能力是由生物进化与物质循环系统相互作用并经过漫长的时间形成的。然而，生物多样性还是难以让物种在短适应时间适应大的冲击。冲击过大将导致某些物种灭绝，如果时间不够充足就无法产生维持生态系统的替代种，物质循环停滞使得生态系统恶化，难以复原。

世界人口激增与人均能源消费量的增加使地球环境日渐恶化。最近40年这一现象表现得尤其显著。随着人口增加，家畜存栏量也相应增加，以至于人类和家畜占到了陆地全部动物总重量的50%左右。以往我们周围随处可见的野花、水边的昆虫等已踪迹罕见，海洋礁石区域的生物也减少了许多。

有些国家，作为世界人口增加的主体，为追求生活水平的提高，难以管控其经济活动，世界粮食资源与能源消费将进一步增加。这种状况持续下去将使人类以外的生物因丧失栖息地而走向灭绝，生态系统将丧失复原能力，人类也将永久性地失去丰富的生物资源。这对人类而言也是一条覆灭之路。工业革命后人类在无意识中引发了地球历史上第6次生物大灭绝（图2）。据称，物种的灭绝速度更是之前的10～100倍。我们不希望生活在没有生命的灰色世界里，然而从自然环境的恶化与生物多样性的减退来看，我们生活在地球漫长历史中的这一瞬却是极其危险的。

人类长期以来一直认为自己的活动尚不会影响到海洋生物的生存，然而事实并非如此。滥捕、化学污染、栖息地破坏等人类活动

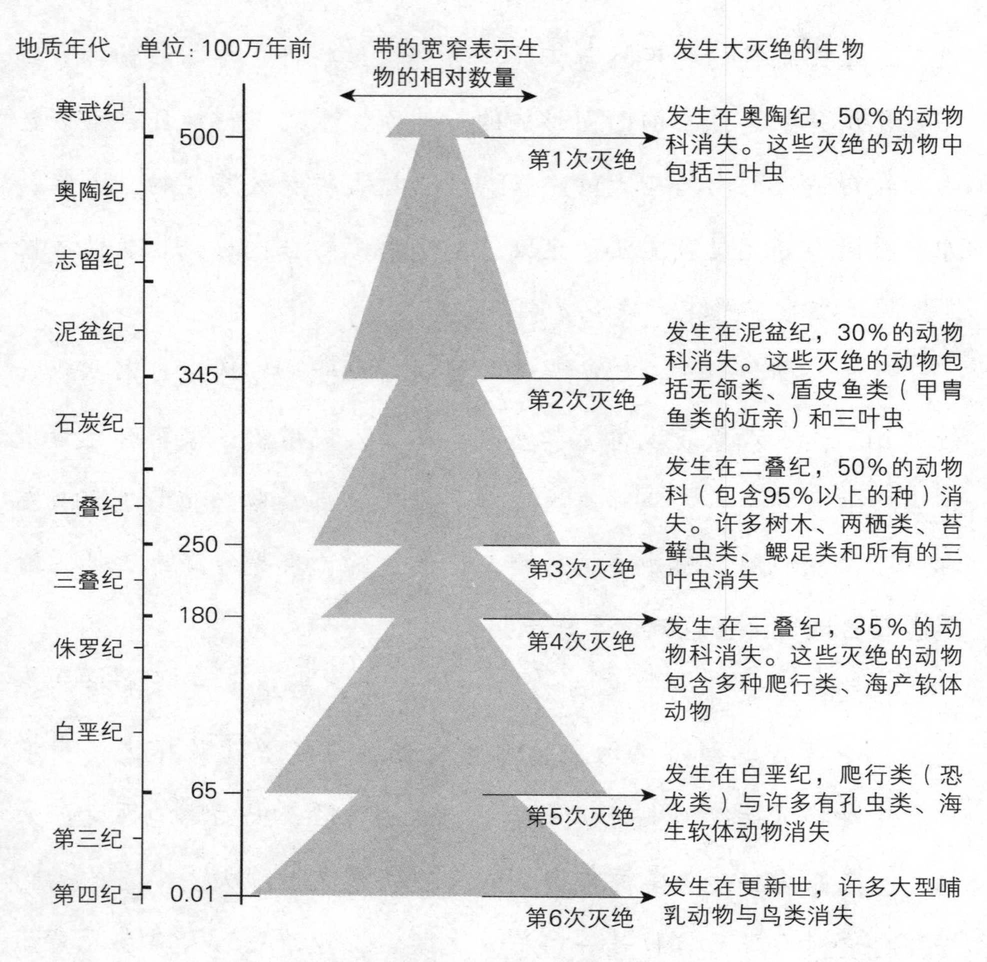

图2　地质年代中生物的6次大灭绝

一直在干扰海洋生态系统。地球表面约70%是海洋，考虑到深度，海洋中生物的生存空间是陆地上的近100倍。陆地生物栖息在低地到海拔约5 000米。鸟类与昆虫最多能飞到1 000米左右的高度，土壤中几乎所有动物的栖息地都局限于表层。而在平均水深3 800米、最深达10 924米[①]的海洋中，无论在海水中还是在海底，任何深度都有生物存在。

遗憾的是，我们对海洋生态系统、对海洋生物的种类及分布还缺乏足够的认知，无法在质与量两方面对灭绝的物种进行评估。

我们知道，虽然陆地生物的种类比海洋生物多，但海洋生物的形态变化更大。陆生生物中种类数占压倒性优势的昆虫，形态差异相对较小，而海洋生物中门、纲等高级分类阶元数目较多。其中的意义该如何评价呢？在海洋中栖息的生物具有比陆上生物更大的遗传变异。一般认为这是因为海洋中主要的生物类群已经在原始海洋中完成了分化且海洋较陆地更易于生物扩散。

海洋中的现存种名录整理至今尚未完成，海洋中到底有多少生物种类尚不明晰。不过，最初所推测的种类数的确过少了。随着分类学的发展，越来越多的海洋生物新种被发现，以往被认为种类数较少的深海生物的多样性其实可与热带雨林的相匹敌。近期的不少的基因解析研究表明，基于形态观测鉴定的单一种是由多个物种组成的，而我们对于海洋微生物的种数以及它们的分布还几乎一无所知。另外，由于观察和采集方法的巨大进步，一些所谓的“稀有种”其实并不罕见。而由于水中调查较陆地困难，海洋中应该还存在尚未发现的种类。虽然还需进一步研究，但海

① 译者注：此为原书数据。目前探测知，海洋最深达约11 034米。

洋中一些种类可能尚未进入人们的视野就已悄无声息地消失了。

水中生态系统调查远比陆地上的困难。海洋生物多样性面临难以量化的威胁，滥捕、有毒物质所造成的化学污染和富营养化确实使得海洋生态系统丧失了活力，人类活动等经常会改变海洋生态系统的种群构成。在这种不良环境状态下，轻微的干扰就可诱发小面积水域的种群灭绝或大面积水域生态系统的恶化。

评价海洋和陆地生物多样性，我们面临的难题之一是缺乏调查物种特征和种群间关系的系统分类学者。作为基础研究的分类学难以对政府决策产生直接帮助，因此政府缺乏资助这方面研究的意愿。同属生物学的生物工程和分子生物学由于其在产业方面的广泛应用而备受关注，也为年轻的科研工作者提供了发展机会，因此其境况和传统分类学不可同日而语。

与蓝藻形态相近的微型单细胞原核藻类（prochlorophytes，照片1），作为海洋的初级生产者在海洋生态系统中发挥了极为重要的作用，这令我们再次认识到还有太多的未知生物等待我们去探索。分类学是生物学的基础，海洋生物普查需要相当多的经费，系统分类学等基础科研工作需要政府的支持和大众的理解。

对海洋的探究不仅限于对海洋生物种类的认知，更需要了解它们的生存方式。地球是“生命的行星”，多样的生物在环境中发挥着各种各样的作用。生物的生命活动对于驱动宜居的地球化学循环机制是必不可少的。物种是构成生态系统的基础，生态系统的健康

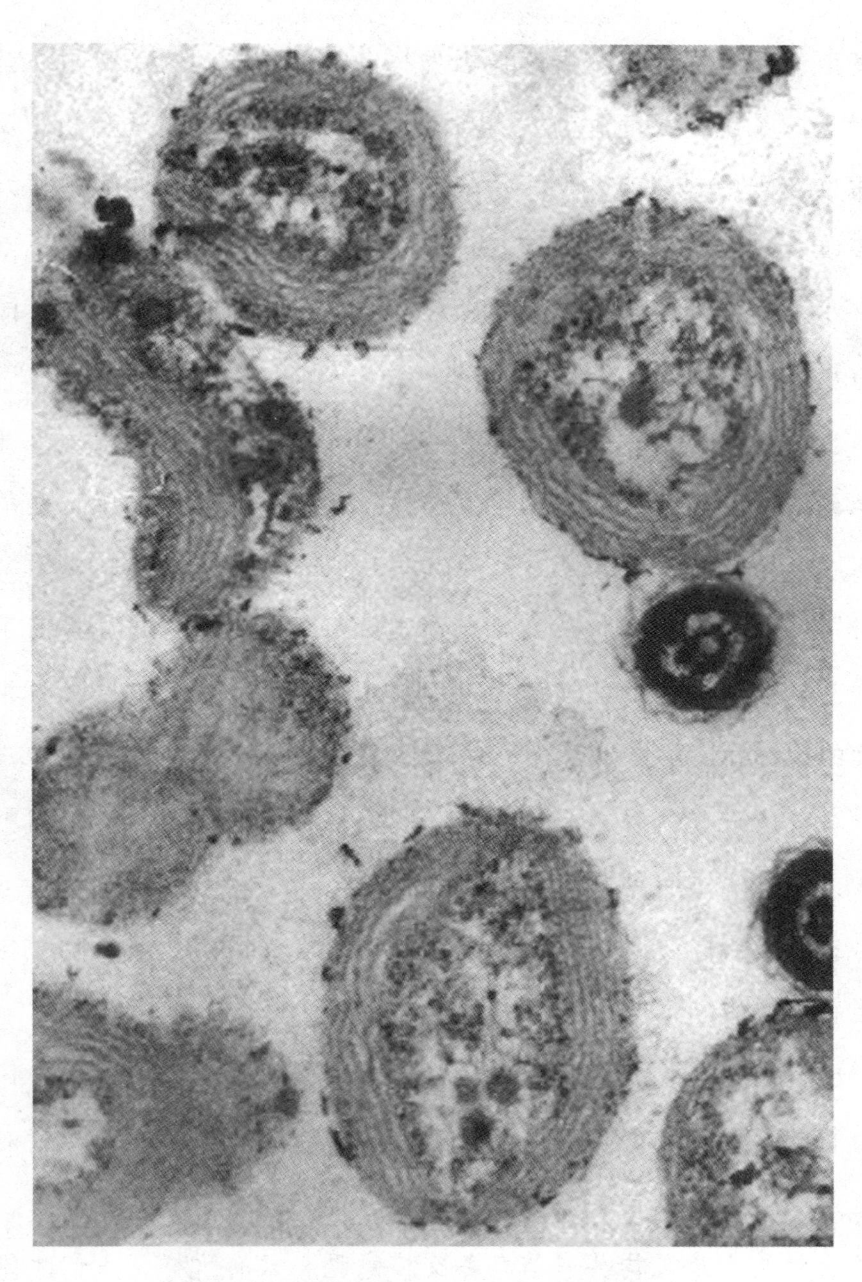

照片1　原核藻类 *Prochlorococcus marinus*
细胞直径0.8 ~ 1.0微米（河地正伸　拍摄）

程度取决于其中的生物群落能否发挥各自的功能。为了有效防范可能对生态系统造成危害的人类活动，我们需要更好地了解物种及其分布以及生物群落的功能。在实施重大工程项目前，我们需要对其影响进行科学评估并采取预防措施。如果人类活动有可能对生态系统产生不良影响，那么即使还没有充分的科学依据，也必须采取措施防患于未然。

我们应珍惜从“健康”的大海中得到的恩赐。国际社会也开始认识到这一点并通过了一些重要公约与计划，但问题在于这些举措如何在各国落实。日本从1995年起将7月的第3个周的周一定为“海洋日”，另外联合国将1998年定为国际海洋年。这些措施提高了人们对海洋生态系统的关注度，也为加大海洋环境保护力度，为相关提案的通过和实施提供了绝佳的契机。

科技的进步让我们能够观测生物多样性的变化，并提出相应的保护方案。本书将阐释海洋生物多样性与人类社会的关系、生态系统保护的理念，探讨我们让子孙后代也享有美丽的地球环境和宝贵的生物资源的方法。

生态系统与生物多样性的保护涉及自然科学、经济学、法律、社会科学、政治学、伦理学、宗教学等多学科领域。无论是针对海洋还是陆地，要制定有效的环保政策，都必须让各领域的专家、普通民众以及行政机构共享信息并交换意见。只有这样，人们才能认识到海洋生物多样性的重要性并努力保护海洋生物的生存。

第1章 海洋生态系统

浮游植物新角藻（*Ceratium ranipes*）邮票

（摩纳哥，1992）

即使在科技如此发达的今天，要评估海洋生物的物种数、种群繁殖量和个体数的增减以及基因的多样性变化也非常困难。信天翁、白长须鲸、海獭等被滥捕，还有许多动物难以确定是否濒临灭绝。某些海洋生物比陆地生物分布更广，繁殖能力更强，因此预想即使局部种群个体数减少甚至消失了，对该种的整体影响也可能并不大。然而现实中，人类活动对海洋生物的影响比预想的要广泛得多。另外，海洋生物物种的多样性也被低估，海洋中应有着更多的生物没有报道，在深海海底那些难以采样的地方更是如此。

人们可能不知道哪些物种濒临灭绝，哪些物种已经灭绝，但这与不知道物种灭绝正在发生有天壤之别。据报道，无论在深海还是在浅海区域，从某些海底沉积物中已发现的生物中仍有50%～80%是未知种。珊瑚礁生态系统是高物种多样性的生态系统之一，即使在达尔文等科学家去得最多的地方，依然有许多新种不断被发现。对于许多物种而言，我们连其存在都无从知晓，更不可能知道哪些物种面临威胁或濒临灭绝了。

据推测，现今由于人类活动所造成的地球物种的灭绝速度，是漫长地球历史上自然因素所造成的物种灭绝速度的几十倍。虽然不确定因素很多，但如果考虑到污染、滥捕、栖息地的破坏、分布区域的破碎、外来物种的迁入等的协同效应，这种估测绝非夸大。目前，所记载的灭绝种仅限于如海鸟、哺乳动物等体形大、易被关注、个体数相对较少的物种。生物学家担心有相当多的物种尚未被发现就已灭绝。过去几百年间至少有1 200种海洋生物灭绝，100年后或许将有数千甚至上万种灭绝。尚不为人所知就灭绝的物种很多，也证明了海洋生态系统持续遭受着人类活动的负面影响。不过对我们而言，某物种的灭绝可能并不重要，但令人担忧的是物种多样性的下降与种群个体数的减少说明地球上的生态系统面临危机。

一、生物多样性指的是什么？

"生物多样性"一词具有多种解释，我们有必要了解该词在各种文献中的含义。在生态学领域"物种多样性""种群多样性"被广泛使用，成为分析的对象，有学者可能将生物多样性研究局限于特定生态系统中的物种、种群的数量及其特征等方面。因为物种是进化的基本单位，所以物种的多样性尤为重要。另有基于"门""纲""目"等高级分类阶元的生物多样性，而这类多样性对海洋生态系统有着特殊的意义。海洋中高分类阶元的多样性较高，而陆地生物多样性主要集中体现在昆虫等较低分类阶元。

物种多样性与生物多样性是不同的概念，种群、物种的性质会影响到群落和景观多样性。经常被提到的生物多样性包含以下5个层次。

物种的多样性——指生态系统或生物群落中物种的丰富程度。通常以某个群落中有多少种来表示，包含物种数和各个物种个体数分布的均衡性两个方面。物种数通常以单位面积中的物种的数目来表示，数量越多，多样性越高，但是也要考虑到每个物种个体的分布。假设物种数相同的2个群落A与B：每个群落的物种数均为3，个体数的总和均为9。群落A的3个物种的数量分布均一，即各物种的个体数均为3；而群落B的个体数量偏重于一种，比如个体数最多的种有7个个体，剩余的2种各有1个个体。这种情况下，群落A比群落B的均衡性高，因而被认为有更高的物种多样性。也就是说，如果从某个群落中任取2个个体，这2个个体种类不同的概率越高也就意味着该群落的多样性越高。

遗传多样性——由于携带遗传信息的基因不同，导致分类群之间遗传变化的多样性。

功能群多样性——指食性或捕食方法等功能和生物过程的多样性。

群落/生态系统多样性——由多个功能群所组成的生物群落或生态系统种类的多样性。

景观（栖息地）多样性——广阔空间中栖息地的多样性。

在比较不同生态系统的物种多样性时，最好是比较没有环境或人为不良影响或者这种影响在适度范围内的多样性。另外，地理环境不同的生态系统常有很大差异，比如极地生态系统的物种数比热带的少，但这并不表示热带生态系统比极地的重要。再比如作为优良渔场生产力高的上升流区域或河口区域的物种多样性及功能群多样性并不高。我们强调的是自然状态的生态系统比受到严重负面影响的同类生态系统的物种多样性高。在物种多样性较高的生态系统中，生物的栖息地得到保障，各自的功能得到发挥，物质循环得以顺畅地进行。

功能群多样性是表述生态系统中功能复杂性的概念，也可以反映物种的多样性。有科学家认为，可以不必采用将所有种的多样性都记载下来进行分析的耗时耗力的方法，而是将研究重点放在功能群上，这样也能达到保护生态系统的目的。我们总是倾向于根据生物对人类是否“有用”来判断其价值，不去研究那些虽已濒临灭绝但对人类不是很“有用”的物种，而是想将功能群受损后对人类造成的危害研究清楚。保护了功能群多样性也就保护了构成生态系统的诸多物种。

然而，要确定复杂生态系统中生物的所有功能是十分困难的。我们不妨将注意力集中在几项重要功能上，如捕食与被捕食关系或生物过程等，通过调查研究与这些功能相关的物种来评估功能群的多样性。

关于功能与物种的关系，存在多种观点。一种观点认为，只要功能起作用，生态系统中有多少种生物都不是问题。基于这种观点，即使某物种从某处消失或迁徙到别处，只要有别的物种加入并代替原先物种的生态位，使得原先物种的生态功能得以维持，那么该物种的消失对生态系统并无大碍。这种观点的支持者认为生态系统中存在许多功能上并不重要的物种，对高的物种多样性维持生态系统稳定这一观点持怀疑态度。

另有观点认为生态系统中物种多样性越高，生态系统的功能就越复杂、效率就越高，且具有相同功能的物种越多，生态系统也就越稳定。生态系统中并没有所谓多余物种，所有物种都是提高生态系统延续、适应、进化的系统能力所必要的。目前，支持这一观点的科学依据相当多。

依据考量生态系统的空间和时间尺度的不同，判断两种观点是否正确的结果会有所不同。

无论怎样，为了保护物种多样性，我们有必要对栖息地进行保护。对景观（栖息地）多样性的保护是保护生物多样性不可或缺的。从地球生物圈的层面看，由不同物种构成的全新生态系统取代已经崩溃的旧生态系统可能并不成问题，但是，当生物圈整体真的发生如此巨大变化时，人类可能已经不存在了。对人类而言，尽可能长久地保护构成生态系统的良好环境和生物多样性，稳定我们赖以生存的生态系统，所做的一切努力都是必要的。

二、生物多样性为何重要？

任何生物的生存都不是孤立的，都与其他物种存在着关联，这就是生物间的相互作用。比如，捕食–被捕食关系，围绕栖息地的竞争关系；共生关系，如陆生植物与为其传播花粉的昆虫间的互利关系。生物群落通过生物间相互作用的网络得以维系，一种生物的变动总会影响到其他生物，一种生物灭绝的影响也会通过网络传递。有些海洋生物产卵场所与栖息地相隔甚远，如鲑鱼和鳗鱼那样在生命的不同阶段洄游于海洋与江河这样迥异的生态系统的生物并不罕见。如果不对其多个栖息地及其栖息地间的通道进行保护，这些物种的生存将受到威胁。

遗传多样性的降低将弱化物种对环境变化的适应力、弱化功能群的适应力，功能群多样性的降低将弱化生态系统的适应力，群落/生态系统多样性的降低将弱化整个生物圈的适应力。由于生物群落与非生物环境是相互影响的，生物多样性的降低会破坏物质循环，导致环境恶化。环境恶化使生态系统的复原能力减弱从而加速恶化过程。随着环境的恶化，物种数逐渐减少，遗传多样性降低，导致生态系统出现生物意义上的“荒芜”。

总之，我们必须杜绝生物栖息地的破坏及环境污染，不进行威胁物种生存的活动并能清除已存在的危险因素，只有这样才能有效保护生物多样性。持续受到不良影响的生态系统，无论这种影响来源于自然界还是人类活动，都很容易崩溃。然而，我们难以预测压垮生态系统的最后一根稻草到底将发生在哪个生态系统中以及生态系统崩溃的时间。

虽然地球上的生物多样性已大为降低，但人们依然认为生态系统还能维持其功能，并不会真的发生什么严重危机。然而，生态系统的部分破坏最终可能演变成大范围的崩溃，或许地球生物圈已濒临崩溃。例如，在渔业曾经发达的北大西洋新英格兰近海的某些区域，滥捕已造成了生态系统的崩溃。

生态破坏在沿海区域迅速蔓延，且被破坏的生态系统难以恢复。即使消除破坏生态环境的有害因素，生态系统的恢复也需要很长时间，且恢复后的生态系统也与原来的生态系统有所不同。

为何有必要保护生物多样性呢？除了上述生态方面的原因外，通常还有两方面的考量。一方面是依据某些原理、价值观、宗教或精神论的观点；另一方面则完全出于对人类自身利益的考虑。

前者认为所有生物都有权在地球上生存，也就是有“自然生存权”，将它们逼到灭绝的边缘是错误的。这也包含对经过漫长地球历史进化、各种生态条件所维系的生物多样性的敬畏。宗教人士认为破坏神所创造的生态系统，使其中的生物灭绝的行为是罪过，须极力避免；而哲学家则认为物种数的减少会使人类的精神世界也随之荒芜。

后者主要考虑的是物种的商业价值以及是否直接或间接对人类有用。与道义方面的理由不同，这一考量以人类为中心，仅涉及现在和将来可能对人类社会有利用价值的物种及生态系统。然而对于那些被认为没有利用价值的物种，我们可能只是尚不清楚其真正的价值，对其评估的结果可能并不正确。事实上，我们很难预测一种生物将来的重要性。

综合上述两方面的观点，为子孙后代着想，我们应努力保护生物多样性。

生物的繁盛与进化调节了地球气候，促进了物质的循环，也就是说生物多样性使得维系生命所必需的地球生态系统得以存续。生态系统只有在最佳状态下才能发挥其生态功能，而要搞清楚其中的物种数减少到何种程度尚能维持这一功能是极其困难的。我们只有保持良好的环境，生态系统才能维持较高的生物多样性，实现其各种功能并维持稳定。人类社会需要丰富的生物资源，而生物多样性越高，人类越容易获取各种食品、建材及医药品等的原材料。

我们从自然界获取的恩惠不仅限于经济方面。人类敬畏自然，从形态各异的生物体上得到美感，出于心理、精神、宗教等方面的原因，善待它们，保护它们的生存。生物多样性令人类感受到大自然的神奇，生物多样性与人类创造的语言、传统及艺术一同作为地球所创造的“历史遗产”而被认同。

当今物种灭绝的原因包括栖息地的破坏、环境污染及滥捕等，这些都是人口增加和人类活动范围扩大所导致的。许多人类活动持续对生态系统造成不良影响，危害了海洋的健康：不仅沿岸生态系统遭受破坏，外海生态系统的恶化程度也超乎想象，生物多样性也不断受到威胁。污染甚至波及遥远的人类无法居住的极地和深海。在地球上，人类既是众多生物灭绝的罪魁祸首，也是唯一能理解现在地球上正在发生什么的物种。我们必须立刻采取行动，不要使海洋环境遭受进一步的破坏。我们有能力、也必须让海洋恢复其应有的生机勃勃。

三、地球环境与海洋生物的相互作用

英国的思想家、科学家Lovelock J E说过“地球环境是与其中生息的生物共同演化的”，强调非生物环境与生物群落间的相互作用，将包含生物、岩石、土壤、大气与海水的地球看成是一种自我调控的超级有机体，据此提出“GAIA假说”。该假说认为生物与物质循环系统相互作用，共同演化，完美地创造出和谐的生态。比如在太古代，某些微藻及其他光合微生物通过活跃的光合作用，固定当时大气的主要成分二氧化碳，合成自身所需的有机成分；它们的遗骸沉降到海底，减少了大气与海水中所含的二氧化碳。生物演化过程确实应以地质年代的尺度进行衡量。GAIA假说虽有值得商榷之处，但其地球的构成要素非生物环境与生物群落相互作用的独特视角给了我们许多启示。

非生物环境与生物群落之间常见的反馈作用（作用与反作用）中有支持GAIA假说的情况。以对地球变暖起到抑制作用的森林特别是热带雨林为例，森林将大量水分从大地移送到大气中，此过程随气温升高而加快。随着温室效应的加剧，大气中的水分增加，云量随之增加而给地球投上阴凉，气温降低而温室效应得到缓解，森林同时也吸收造成地球变暖的二氧化碳。大气中二氧化碳的增加是人类活动造成的，二氧化碳的增加可以促进光合作用，但没有足够的森林蓄积量能增加二氧化碳的吸收。

海洋中的微藻也是二氧化碳的重要吸收者。这里要介绍一种关于生物与气候间相互影响的现象。长期以来，推测认为海洋中有挥发性硫化物生成，有相当多的硫释放到大气中。有证据表明某些浮游植物生成大量名为二甲基硫醚（DMS）的硫化物，大气中的硫化物会被氧化成烟雾状的硫酸盐颗粒（硫酸气溶胶），成为海上云层的结核。硫酸气溶胶改变了云量和进入大气层的太阳辐射强度，从而影响到气候。气温升高后，暖化的海面更有利于生成DMS的浮游植物生长，从而促进硫酸盐颗粒的生成，云量因此增加，导致太阳入射光发生背散射，促使地表冷却[9]。

众所周知，海洋调节着大气中二氧化碳的浓度，在碳元素的循环中发挥重要的作用。海洋水深10～200米的真光层（有光线达到、光合作用能够正常进行的区域）中有数百种的微藻（浮游植物）生长，通过光合作用吸收二氧化碳，使海面附近大气中的二氧化碳浓度降低。海水中的二氧化碳主要源于大气中二氧化碳的溶解、细菌和动物的呼吸排出、海底的贝类及死去的珊瑚等所含碳酸钙溶解后生成二氧化碳这3个过程。随时空转换，二氧化碳可从海洋中通过海面释放到大气，或由大气进入到海洋[10]。

浮游植物在碳元素循环中的作用，使有些科学家期待浮游植物能发挥缓解地球温室效应的作用。

大气中二氧化碳的增加与海水表层温度的上升对浮游植物的光合作用有促进作用，但其促进大气中二氧化碳吸收的反馈功能能否缓解温室效应尚难预测。这里介绍个非常有趣的现象。海水变暖促使一类叫颗石藻（coccolithophores）的浮游植物增殖。这种微藻细胞壁的主要成分是碳酸钙，其增殖需要二氧化碳。因此这类藻如能大量增殖，或许能去除海水和大气中过剩的二氧化碳。

为了应对气候变化造成的威胁，各种旨在改善气候的方案应运而生。其中之一就是增加诸如颗石藻等浮游植物，通过对二氧化碳的吸收抑制地球温室效应。事实上，作为海洋表面积主体的远洋区域的基础生产力并不高，原因在于浮游植物增殖所需的铁及营养盐的含量不足。如能大范围喷洒溶解铁，将极大地促进浮游植物的生长、光合作用及其对大气中二氧化碳的吸收。其中一部分二氧化碳被带到深海，1 000多年之后也不会回到表层。基于这种分析的实验已在东太平洋及南极海域完成。结果令人遗憾，虽然增加的铁使浮游植物的光合作用活性提高，但较重的铁被氧化并沉入海底；并且增加的铁同时促进了表层异养细菌的繁殖，反而增加了二氧化碳的生成，未能达到抑制地球温室效应的预期效果。

令人不安的是，即使实验成功，这种对远洋生态系统的人为干涉也可能对食物链及生物多样性造成难以预测的影响。许多科学家也担心人为添加的铁是否会对浮游动物及鱼类产生不良影响，添加的铁能否完全溶解也令人怀疑。

浮游植物在光合作用过程中释放氧气，据推算大气中氧气的50%～75%是由海洋中光能自养生物的光合作用产生的。浮游藻类也对海水中氮、磷、硅、铁等元素及其他物质的循环发挥至关重要的作用。浮游藻类的生物量及物种多样性对地球环境也产生很大的影响[12]。

由于海水的流体特性及其相对稳定的运动方式，各海洋生态系统相互关联，并与陆地及大气相互作用。

海洋被称为地球上生命系统的发动机。作为构成生命的重要物质的循环中心，海洋通过蒸发作用形成水蒸气，水蒸气以降雨的形式为陆地生物提供必不可少的水资源。同时，海洋也为许多生物提供了栖息地。海水及其中的溶解物与浮游生物在各海洋生态系统中发挥了重要的作用，且在不同的海洋生态系统之间相互交换。因此，海洋中的生态问题绝不是孤立的，波及范围很广。

地球上留存了许多海洋生物与地球气候间相互作用的证据。依据源自大气并以有机物和贝壳的形式存在于海底沉积物以及极地冰床中的碳元素的记录，大气中二氧化碳的量是与气候变化相关联的。目前还不清楚气候变化与碳元素循环之间到底存在怎样的关系，可以推测，浮游植物的初级生产减少了大气中的二氧化碳并使地球得以冷却。

四、不可或缺的海洋生命

许多海洋生物是我们的食物资源，也被用于药物研制，用作其他医疗用品的原材料。另外，海洋生物还可用于制造化妆品、饲料、肥料、宠物食品、装饰品、皮制品等，用作遗传学研究材料、养殖水产动物及水族观赏动物种苗的饵料、食品加工及其他工业用途的原料。海洋生物还构成了巨大的基因宝库，在生物工程领域有重要应用价值。海洋生物资源应用前景广阔。

水产资源作为食物的重要性在不同国家有很大差异。对日本而言，水产品是主要的蛋白质来源。另外，约有40个国家的30%以上的动物性蛋白质、10%的全部蛋白质是从鱼类和贝类中获取的。在世界上捕鱼量最高的10个国家中，中国位列第一，其他9个国家包括智利、秘鲁、印度、韩国、印度尼西亚等发展中国家。世界对水产品的需求在不断提高。为了满足高涨的需求，水产养殖业得到快速发展。然而，水产养殖业的发展需要配以足够大的市场。许多名贵鱼种很少在原产地消费，增加的水产资源总量也难以养活不断增加的发展中国家人口。

世界海洋渔获量从1950年后逐年增加，20世纪50年代的增长尤其显著。世界海洋渔获量在1972年由于秘鲁鳀鱼资源量下降而首次大幅度减少，在20世纪90年代又恢复到8 000万吨，现在每年维持在大约8 500万吨（图3）。如果加上捕获后被丢弃的杂鱼（trash fish）资源，一年的实际海产品渔获量在1亿1 000万～1亿

2 000万吨。有人对世界渔获量第一的中国提交到联合国粮农组织（FAO）的渔获量统计提出疑问。如果事实如此，那么世界渔获量在1990年前后就已经呈下降趋势。滥捕与污染破坏了生物生产力最高、对产卵与仔鱼生长尤为重要的浅海地区。回顾渔场遭受灭顶之灾的沉重历史，我们可以推测，虽然海洋生物资源具有应对环境变化的强大恢复能力，但是目前的渔获量已经达到极限。为了实现现有资源的可持续利用，我们必须谨慎管理渔获量，以避免海洋生物资源的进一步减少。

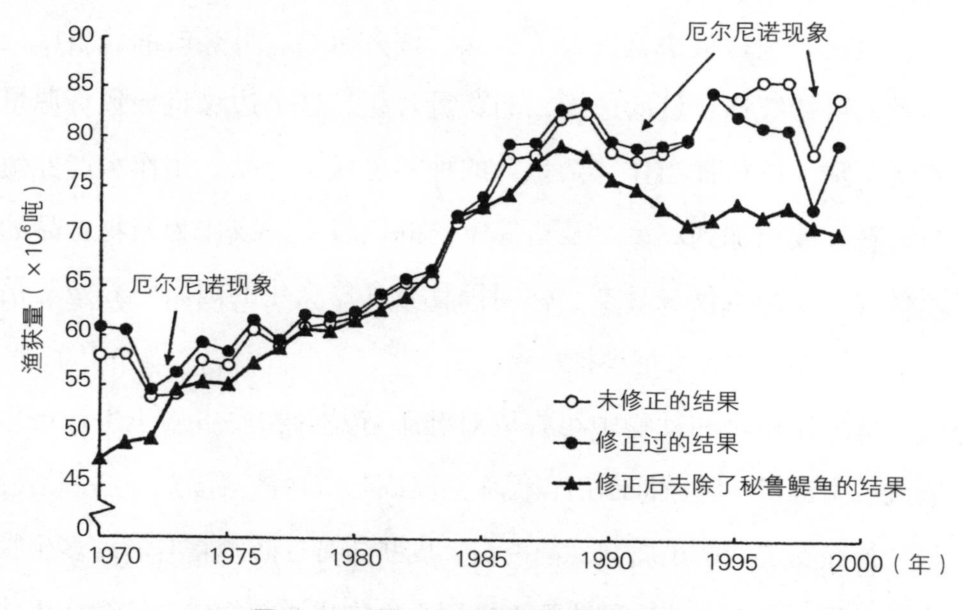

图3　1970年后世界海洋渔获量的变化

未修正的结果是指各国提交到联合国粮农组织的渔获量总计；修正过的结果是指对中国提交的统计结果进行修正后的世界海洋渔获量；修正后去除了秘鲁鳀鱼的结果是指从修正过的结果中进一步减去波动较大的秘鲁鳀鱼渔获量之后的世界渔获量。图中标示了厄尔尼诺现象的发生年。除去秘鲁鳀鱼，世界渔获量在1990年左右已呈下降趋势（Watson 和 Pauly, 2001）

现在我们利用的鱼类大约有9 000种，而在世界范围内捕获量较大（年渔获量在10万吨以上）的只有22种，包含鲱鱼、鳕鱼、鲹鱼、鲑鱼、青花鱼等。其中17种海产鱼已经接近、达到或超过最大可持续渔获量（MSY），9种的资源量已明显减少。据20世纪80年代统计，这些鱼占据了世界年渔获总量的50%。另外，沿海居民所消费的本地产海藻、贝类及鱼类也在急剧减少。

20世纪50年代到70年代，我们乐观预测了海洋生物资源能够解决世界粮食问题，如新的食物资源将来自海洋以及繁荣的海洋牧场等，但这些预言很快就失去了听众。许多鱼类、贝类的渔获量已达到最大可持续渔获量的边缘，渔获量若超过这个边缘将导致资源量急剧下降。以往被当作“杂鱼”的种类也成了商品，用作水产养殖的饵料，或添加到鸡、牛及猪等家畜的饲料中，或作为宠物食品的原材料。海藻也仅在日本、韩国等具有食藻文化的国家中养殖与销售，并未在全世界大规模推广。

从海洋植物和动物中可提取对健康有益的物质，用于生产抗生素或抗病毒素、肿瘤抑制剂、促血液凝固与抗血液凝固剂、心脏活性剂、神经安定剂、止痛剂、消炎药、皮肤药膏、防晒霜等。许多生物为了自保分泌毒素，这种并不直接用于生物代谢的物质被称为次生代谢产物（生物活性物质）。海底的底栖生物常可分泌这类活性物质，用于有效防御及攻击。目前，已从多种藻类、珊瑚、海葵、海绵、软体动物体内发现了多种具有药用价值的抗生素及抗癌成分。

另外，鳕鱼肝油可用于生产维生素，牡蛎壳是生产补钙剂的重要原料，河豚毒素可用于缓解晚期癌症患者的疼痛，鲨鱼肝脏中含有抗癌物质，海参、海蛇、鲱鱼、鳐鱼体内含有治疗心血管疾病的成分，海藻和章鱼含有治疗高血压的成分，某些海藻中存在治疗病毒性感冒、眼部感染及性病的成分，海绵含有治疗病毒性脑炎的成分。

从海洋生物中提取治疗各种疾病的成分，应用前景广阔。保护海洋生物基因资源，对其可持续地开发利用，以造福子孙后代，才能体现生物多样性的价值。

由于分子生物学的发展，许多药用海洋生物体内的微量生物活性物质得到大批量生产。在生物工程领域，人类一方面积极进行生物活性物质利用，另一方面，又在广袤的海洋世界中探寻未知的化学物质与食物资源。我们已从深海海底热液喷口周围的生物群落中发现了许多能够用于生物工程的微生物。

在水产养殖业中，分子生物学被应用于人工培育动植物优良品种。人们期待培育出生长迅速、抗病力强，且从养殖区逃逸到自然环境中无法繁殖的新鱼种。然而，新品种在生产上虽具有优势，但也存在不少隐忧，我们应重视基因操作带来的风险。基因技术在产生养殖品种良好经济效益的同时，保护了天然资源的遗传多样性，因而已经合法化。但基因技术也是一把双刃剑，同时也可能对物种多样性及遗传多样性造成巨大威胁。

历史上曾发生人工培育的鲑鳟类（salmon，trout）品种从加拿大太平洋沿岸养殖场大量逃逸的事件。企业对养殖生物的管理很难做到万全，经人工遗传改良的个体如逃逸到自然界并大量繁殖，可造成野生种群基因库的混乱，影响物种间的相互作用，给野生生物群落带来不安定因素。

事实上，生物工程在伦理、知识产权及动物福利等方面令人忧虑[16]。

海洋生态系统具有许多对人类有益的功能，环境经济学家称之为“生态系统的服务”。例如，海藻场及珊瑚礁为鱼类提供了产卵地和避难所；在环境良好的河口及附近沿海地区，营养盐充足，有着适宜鱼类生长的丰富的饵料，保护这里的环境可以维系当地渔业的繁荣；站在洁净的沙滩上或珊瑚礁的海边，我们心情愉悦，紧张心情得到舒缓。这都是“健康”的生态系统赐予我们的礼物。

甲壳类及贝类等渔获对象的幼虫被海流带到沿海地区生长繁育，使枯竭的水产资源得到恢复。上升流将丰富的营养盐从海洋深处带到表层，使得浮游生物等饵料生物激增，从而提高了渔获量。

造型复杂的珊瑚礁形成了多样的微环境，具有很高的生产力。随珊瑚的生长与死亡，珊瑚礁的立体构造不断变化，形成多样的栖息地，提高了物种多样性。如前所述，在珊瑚礁中生息的底栖生物能生成许多生物活性物质。造礁珊瑚在进行光合作用的同时也固定了碳酸钙，其生命活动可将大量二氧化碳从环境中分离出来，因而具有极强的固碳能力。

海滩中许多动物以泥沙中的有机物为食，清洁了周边的环境。沿海地区的盐碱湿地（由于潮汐涨落的影响总是处于湿润状态的泥沙地，生长着芦苇及盐角草等）形成许多堆积物，可以过滤清除水中的有毒化学物质。这种功能减轻了陆地上人类活动对沿海地区的污染。当然，我们不能据此认为这是湿地理应承担的生态责任[17]。

第2章
生物多样性

浮游动物桡足类

角水蚤（*Pontellina plumata*）邮票

（葡萄牙，1997）

为制定保护生物多样性的相关政策，需要科学地提供依据。在自然科学领域，随着知识的积累，发现的问题和疑问也越来越多，仿佛在追寻深藏奥秘的海市蜃楼。这令决策者焦虑。具有生态学基础且理解上述不确定性的科学家，能够通过对生态系统及生物多样性的变动进行科学分析，为政策制定与管理提供更合理的建议。

对人类而言，在全球范围与漫长演化史的时空尺度上对生物多样性进行监测、管理与保护极为困难。当然，我们有必要注意生物多样性形成的深远背景，更有必要从宏观角度进一步理解生态系统及生物多样性的变化过程。本章将解说主要的专业术语，并介绍保护生物多样性的相关理论与概念。

一、专业术语

在制定生物多样性的综合保护对策中，虽然需要考虑第1章所述的各层次的生物多样性，但从管理与科学调查的角度，最重要的还是物种多样性。由于生物多样性一词含义较宽泛，为了正确表述生物群落与物种多样性的特征并量化这些特性，科学家使用了特定的术语。对这些专业术语及理论的学习可能较枯燥，但这对理解生态系统的运作，了解决定物种及功能群多样性的因素很有帮助[1]。

在比较不同生物群落间物种多样性时，或追踪同一群落内物种多样性随时间的变化时，我们常使用多样性指数（diversity

index），丰富度（richness），即所含的物种数，以及均匀度（species eveness），即各物种的分布比例。

种间相互作用包括栖息地与食性相同的种之间的竞争关系（competition），捕食者与被捕食者（饵料生物）之间及寄生生物与宿主之间的敌对关系（antagonism），珊瑚与虫黄藻之间的共生关系以及陆生植物与授粉昆虫间的互利关系（mutualism）。生物通过适应与进化逐渐分化出多种多样的物种，它们在生态系统中发挥了重要作用。

物种的分布、功能与种间关系是决定生态系统中物种数的重要因素，对此做如下说明。

在一定时间内，栖息于某地（占据一定空间），个体间通过交配繁殖以维持物种延续的同种生物个体的集合称作种群（population）。种群单位空间的个体数称为种群密度（population density）。

在生态系统中，某个物种所具有的功能或生态方面的地位，例如食性或栖息环境，称为生态位（niche）。

生态系统中，生物之间形成了错综复杂的捕食-被捕食关系，即食物链（food chain）和食物网（food web）。

在食物链中，依据生物的营养级（trophic level）将生物分为初级生产者（primary producer）、植食性动物（grazer）、捕食者（肉食性动物）（predator）和分解者（decomposer）。

在生态系统中，功能多样且分布广泛的物种被称为泛化种

（generalist），反之，分布较局限的物种被称为特化种（specialist）。

在同一生态系统中，可存在多个作用相似的物种。它们的功能可发生重叠，但生态位完全相同的物种并不存在。

通过敌对关系或互利关系，物种相互影响，共同进化（co-evolution）。由于共同进化，两者关系紧密，特化种增加，物种多样性随之提高。

不同物种的寿命有长有短，所产的卵与幼体数目也有多有少，有的幼体能散布到千里之外，有的卵就留在近处。物种的生殖策略影响到该物种的分布范围以及地理上相分隔的种群的基因构成差异。

物种多样性与生态系统的稳定性是正相关的。对生态系统稳定性的评价令生态学家兴趣盎然。关于生态系统的稳定性，经常采用如下术语。

生物群落组成的相对稳定与时间上的可持续性被称为稳定性（stability）。物种多样性在受到干扰后，最终能恢复到原先平衡状态的生态系统是稳定的。生态系统恢复到原先平衡状态的能力称为恢复力（resilience）。它随干扰的强度、规模及持续时间而变化。

在干扰发生后，生态系统的变化程度称为抵抗力（resistance）。

物种多样性与生态系统稳定性的关系极为复杂。通常，生物多样性高的生态系统较稳定，但较多的物种数加剧了种间竞争，增加了对单个物种的保护难度。因此，即使生态系统整体较稳定，其中的物种与生物群落也可经常发生变化。在物种多样性较高的生态系

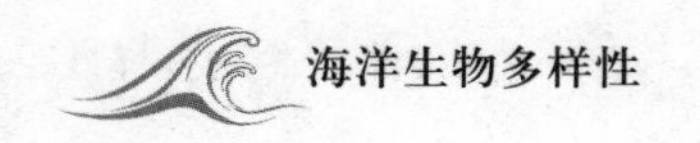

统中，所有生态位均被占据，出现许多功能相似、生态位重叠的物种。即使某一物种数量减少，另一物种也随即填补空出的生态位，承担原先物种所起的作用，生态系统的稳定性得以维持[2]。

二、生态学理论

生态学家对决定生态系统中生物多样性的物理化及生物因素进行研究并建立了相关理论。这些因素相互作用，影响了生态系统的生物多样性。

通常，生物资源量越大，物种的生态位划分越细，物种多样性也就越高。在许多相似的生态系统中，物种多样性并不相同。有观点认为，最能反映生态系统特点的是其最大生物多样性，但这一观点尚未被充分验证[3]。

1. 影响物种多样性的理化因素

生境的稳定性各不相同，在生境稳定的生态系统中，物种的进化与繁衍能长期稳定地进行。

空间较广阔的生态系统具有容纳更多物种的潜能。

在物理构造较复杂的生态系统中形成诸多生态位，习性不同的物种在其中生息，许多是仅能生存于此的特化种。

不同地点温度、盐度、营养盐等理化因子有差异的生态系统中，各物种分布在其所能适应的环境中，这从整体上提高了生态系统的物种多样性。

在气候条件较稳定的生态系统中，物种不需要应对不稳定或突发的气候变化，物种多样性较高。

如同温度随季节有规律变化，在环境发生周期性变化的生态系统中，物种适应了环境周期性的变化规律，这里的物种多样性比变化无规律的生态系统要高。

除频繁或大规模致命性干扰之外，海洋结冰或暴风等物理因素造成的中等程度的干扰可从别处带来新物种，从而提高物种多样性。

不连续的理化因素能够把生态系统分割成碎片，物种在这被隔离的更小空间中多样性下降。另外，进行异体受精的物种因种群被隔离基因库缩小，物种逐渐衰微。

海水中营养盐的含量也影响物种多样性，但多样性高低取决于营养盐变化的多方面因素。通常，少量营养盐的间歇性补充可提高物种多样性，而大量营养盐的慢性补充则降低物种多样性。营养盐的平衡性变化与特定营养盐的缺乏是改变物种多样性的要素。

2. 影响物种多样性的生物因素

生物生产力的高低与物种多样性的高低有关。通常，中等程度的可持续生产力可提高物种多样性。生产力与功能群多样性的关系相较生产力与物种多样性更加密切[4]。

种间竞争对物种多样性的正面或负面影响取决于竞争的频率以及竞争对手的数量。种间竞争当然不利于较弱的一方，但其他竞争者或理化因素对竞争中较强一方的不利影响也可改变竞争的结果。种间竞争对捕食–被捕食关系影响较大，甚至能决定在食物网中共存的物种数量。

捕食可从多方面影响生物多样性。通常，个体数较多的生物比个体数较少的物种更容易被捕食，因此捕食降低了饵料生物的种间竞争。另外，个体较大的物种更容易被捕获，因而捕食也影响了饵料生物的大小构成，决定了有限空间中能生存的物种数。

相互影响的两个物种如能共同进化，整个生态系统的物种数随之增加，多样性得以提高。但如果其中一方消失，另一方也会因此急剧减少，物种多样性随之降低。

共生等互利关系有利于相关物种的生存，因此，在共生关系较多的生态系统中，物种多样性较高。在海洋中，我们经常能观察到互利关系，比如一种生物在另一种生物体内共生。造礁珊瑚及其体内共生的虫黄藻（zooxanthellae）就是一例，虫黄藻生活在珊瑚虫的细胞间或细胞内，与珊瑚虫相互供给营养。

食物链的长度及食物网的复杂性与物种多样性有关。通常，相较食物链较短的生态系统，食物链较长的生态系统物种多样性较高。但在食物网错综复杂的生态系统中，食物链即使较短，物种多样性也较高。

物种分布不均匀、大范围存在差异的生物群落的生态系统，物种多样性较高。

在空间较大的具有若干特化环境的生态系统中，特化物种数较多，物种多样性高。在特化环境为较小的空间时，物种多样性容易变化，原因在于分布与生殖范围较局限的物种在环境发生巨变时容易灭绝。

人类活动可干扰生态系统，导致物种数减少。人类活动对物种多样性因素间的平衡有重大影响，在陆地和海洋中都可见到日益明显的人类活动影响。

3. 生物多样性的动态变化

在海洋生态系统中，物种的多样性是由什么所决定，又如何得以维系的呢？通过小规模的野外实验及大范围野外调查，科学家得出了相关结论。其中两条结论依据营养动态建立，极具说服力。

一条认为营养由上而下流动，处于较高营养级的捕食者决定了处于较低营养级的饵料生物的物种数与生物量。捕食者中某物种的种群发挥了远超其他生物的更大作用，能对区域内生物群落产生重大影响，这样的物种被称为关键种。在建筑学上，拱心石是指在一组拱形结构的石头中，嵌于正中间的“关键石（keystone）”。如果取下这块石头，整个拱形构造将崩塌，因此产生了“关键石”的概念。与此相似，如将作为关键种的捕食者从系统中移出，它存在的重要性就会突显。例如，在生态系统中，关键种通过捕食调节特定饵料生物的种群大小，缺少这一调节将导致饵料生物激增，生物群落崩溃。我们经常能在潮间带生态系统中见到这种由上而下的动态结构[5]。

另一条是自下而上的营养流动决定了物种多样性，位于较低营养级的基础生产者或饵料生物的变动对处于较高营养级的捕食者产生影响。例如，浮游植物与植食性桡足类动物的多样性及个体数的增减影响到以其为食的捕食者，并进一步影响整个生态系统的物种多样性。沿海上升流区域通常受到由下而上的营养动态过程所控制。底层营养盐丰富的海水与表层海水混合，促进了浮游植物的生长，提高了整个食物链的生产力。在这样的海域中，营养盐得到持续供给，物种多样性得以维持。然而，当厄尔尼诺现象发生时，营养盐类的供给大幅减少，浮游生物的生物量下降，鱼类大量死亡，以它们为食的更高营养级的海鸟及海洋哺乳动物也不见踪迹[6]。

三、如何评估物种多样性的变化?

生态学家经常对生态系统中物种构成及生物群落随时间的变化展开调查，以评估生态系统的变化及稳定性。这需要以处于稳定的平衡状态，即未受不良影响的理想状态的生物群落结构为本底。对平衡状态的测定称为本底研究（baseline study）。自然状态下，生态系统既存在周期性变化，也存在不规律的变化。因此，我们需要对健康的生态系统进行长期观察，才能知晓处于平衡状态的生态系统是怎样的，据此设定生态系统变化的本底。

在生态系统中也可存在多个稳定的平衡状态。生态系统通常在其中的物种所能适应的条件范围内保持稳定，但有时也会发生波动，在强大外力干扰作用下，可发生向其他稳定状态的迁移。但是，新的平衡状态未必对地球生物圈或人类有利。生态系统虽然具有恢复力，但恢复力仅适用于在一定条件下。如果干扰超过一定限度，被破坏的生态系统将难以恢复。然而，因为生态系统极为复杂，我们很难判定生态系统是否处于稳定状态，也难以判定生态系统是否失衡。（图4）

我们对许多海洋生态系统虽未进行深入的研究，但也知道它们承受着各种环境压力。人们未对其中的生物群落进行长期调查，因而缺乏本底资料。在对某生态系统展开新的研究时，我们虽可依

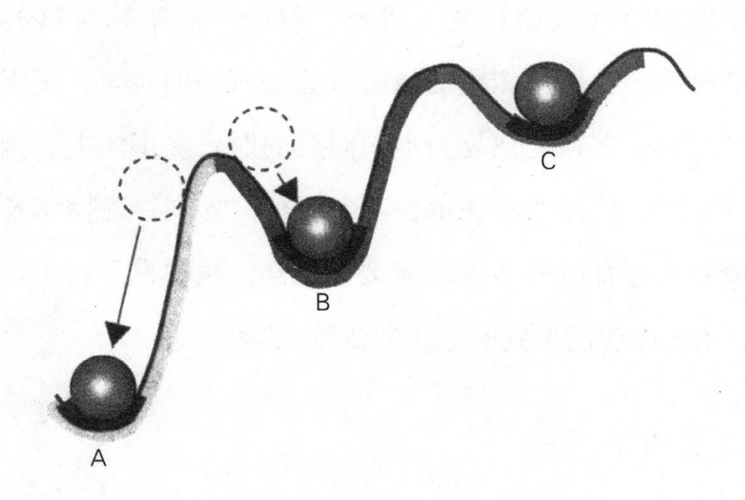

图4　具有多个平衡状态的系统稳定性

图中，球体代表系统，凹部代表平衡状态（系统稳定的状态）。在一定范围内（在同一斜面上）移动球体，球体依然会回到凹部，但如果球体越过了凸起部位而移动到其他斜面，最终将在新斜面的凹部找到平衡

据参考资料得出本底情况，但这往往与该生态系统最稳定、多样性最高的状态有很大差异。该生态系统可能已经发生过扰乱，现在已演替到新的平衡状态，或者正处于不稳定的状态中。如果特定生态系统的本底资料不准确，研究尚不明晰就轻易判定了该生态系统的特征，就无法得知该生态系统本底的状态及生物多样性的特征。而且，今后的评估都将发生偏离，据此制定的保护政策也难具实效。原本旨在恢复生态系统的保护措施反而使生态系统更加不稳定，人们在茫然不知中进一步降低了生物多样性[7]。

渔业加剧了海洋环境的恶化。斯克里普斯海洋研究所的Dayton P K对不断变化的本底感到担忧：

“我们无可挽回地丧失了研究‘健全’的生物群落的机会。在多数情况下，我们已无法知晓生境原先所处的状态，更无法实现将严重受损的生态系统恢复为本来面貌的愿景。事实上，因时代不同，科学家对自然界的看法也在不断变化。如同伴随博学长者的离世，所失去的还有他们的语言与文化一样，我们也失去了原本在健全的生态系统中应能见到的进化的智慧。”[8]

四、遗传多样性

上述的物种多样性与功能群多样性非常重要，但遗传多样性与种群多样性也同样重要。海洋中原本被认为是同一个种的几个不同种群，有时候经研究会发现其实是遗传差异较大的不同物种，而这样的实例并不少见。

1. 遗传群体

许多海洋生物巧妙利用了时刻变化的环境，它们将卵产于海洋中，子孙可以随波逐流散布到环境良好的区域。这样的生殖活动也有利于杂交的发生，通过基因融合，优良的个体性状得到保持，优势物种也得以存续。

现代分子生物学技术通过对生物基因进行解析，证实许多相隔离的海洋生物的种群之间在基因层面存在决定性差异。在遗传上存在明显差异的种群之间，地理上多也相隔离，但这种隔离也可是暂时性的。也有在时间上存在的隔离，例如，在春天与秋天繁殖的两个遗传上不同的微藻种群能够出现在同一区域[9]。

在地理上相隔离的两个种群分布区之间，非生物环境的不同成为阻碍两个种群幼虫分布的壁垒，从而阻碍了彼此间的基因交流。

因此，即使两个种群成体的分布并不存在明显的物理分界线，基因层面上的不同也会显而易见。这种情况多见于在海底附着生活或活动较少的底栖生物成体。地理上相隔离的种群不一定已分化成完全不同的物种，但足以在基因层面产生明显差异或形成由几个种群所组成的群落。

例如，座头鲸与灰鲸在不同海域的种群存在明显的遗传差异，部分种群已濒临灭绝。大西洋鲱鱼至少存在21个系群，它们各具不同的分布区域与洄游路线，鱼体大小与产卵期也各不相同。在造礁

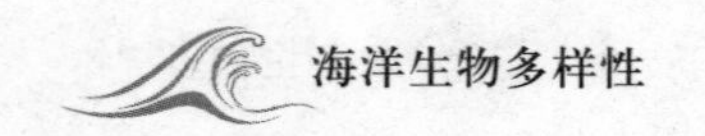

珊瑚的石珊瑚不同类群之间，有些能以较高概率交配，有些则存在完全的生殖隔离。

对于海洋植物或动物，种的概念不一定适于作为评估多样性的单位。分化的种群或系群的多少可以反映遗传多样性的高低，因此对保护生物遗传多样性，我们必须给予足够的重视。与保护物种相同重要的是保护种群或系群，并认识到遗传群体存在的重要性。区域性遗传群体非常重要，若将某物种的一个种群移入远方的另一种群所栖息的生态系统中，这两个种群交配后产生的子代基因构成将发生变化，原种群的多样性将无法稳定延续下去[10]。

同一物种的不同种群，对污染等环境压力的反应经常会有不同。头部两侧各有两根刺的钝头杜父鱼是评估沿海地区污染的指标生物，但我们必须确定作为研究对象的种群与其他种群在遗传上的差异，否则无法评估污染的影响。在环境污染较严重时，只有对污染耐受力较强的种群个体数增加。再例如，线虫的某一种群对镉等有毒化学物质具有较强的耐受力，该种群的个体数在受污染的泥中反而比在清洁的泥中更多。这种对污染的耐受力可遗传给后代，成为该种群的遗传特性[11]。

遗传多样性也与物种的环境适应性有关。以海洋硬骨鱼类为例，在仅适应特殊环境的狭适应物种的种群之间，具有较大的遗传差异，而在分布范围广、环境耐受力强、具有多种生态功能的广适应物种的种群间遗传差异较小[12]。

2. 姐妹种

在20世纪70年代开始的关于海洋污染的研究中，在一直被视为同种的生物中，发现了不少形态上几乎无法区分，但在基因层面却存在明显差异的群体。我们将栖息地相同或相邻、形态极其相似、生殖上相隔离的两个物种称为姐妹种（同胞种）或隐蔽种。小头虫科的小头虫（*Capitella capitella*）常被作为污染指示生物。1976年，*Capitella*属（该属仅在深海分布[13]）按形态被分为6种，但经详细、深入的基因分析研究后，该属生物被分为15种。只有研究清楚种间的区别后，才能更详细地反映污染状况。然而，更为重要的是，在海洋中既存在由某一种起源的许多物种，又像过去认为的那样存在广域分布的物种。这两种现象同时存在不大可能[14]。

最新的研究表明，包括经济价值较高的鱼类在内，许多物种的基因构成十分复杂。多年以来作为污染指示生物的紫贻贝（*Mytilus edulis*）现在被分为3种①，以往被认为是由于污染程度不同所造成的种内差异实际上是种间差异，因此可以通过不同种的存在与否来判断污染程度。造礁珊瑚的种鉴定也受到隐蔽种出现的影响。例如，分布于加勒比海的*Montastraea*属一直被认为只有1种，现在发现该属至少有3种。近年来，在牡蛎和鲐鱼中也发现了不少隐蔽种。通常所谓的短吻真海豚（*Delphinus delphis*）也具有分布区域不同的近缘种。我们对于深海物种本就缺乏了解，而近缘种的存在更增加了物

① 译者注：此为原书数据。相关数据现已有更新。

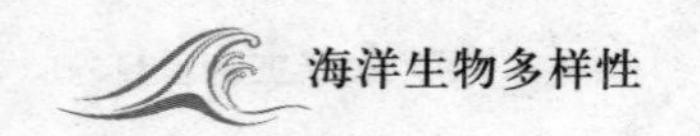

种分类的难度，对同种的判定更为困难。

五、海洋微型生物多样性

微生物是海洋生态系统不可或缺的组成部分。随着采集方法、显微观察方法及分子生物学技术的进步，人类已有能力识别最微小的海洋微型生物。海洋中遍布着大量的细菌与病毒，它们在生态系统中发挥着重要作用。人们很早就知道，海洋中的浮游植物（微藻类）是食物链的基础，它们生长与繁殖的能量与物质来源是太阳光与营养盐，但对于某些细菌等微生物作为基础生产者的重要性才刚认识到。近年，在远洋的深层及贫营养盐海域的表层，人们意外发现了高密度、极微小的能进行光合作用的微型生物，其中包括直径约0.2微米的细菌，较原始的原绿藻类*Prochlorococcus*，以及与细菌相似、对温度与化学条件有较强耐受力的古细菌（Archaea）。大洋区域的蓝藻等原核藻类也进行着光合作用。另外，原绿藻类往往与海鞘群体共生[15]。

即使在今天，人们对微型生物的物种鉴定也并非易事，对它们的进化过程也几乎一无所知，但对其在生态系统中发挥的多种作用却已研究得相当清楚。例如细菌在碳、氮、硫等元素的循环中发挥了重要作用，在各种海洋环境中都发现了起特定作用的细菌种或种群。它们能将微藻及原生动物富含碳元素的有机分子消化、分解并同化浮游动物粪便内的有机物，转化为自身可利用的营养。营养盐的再生产以这种形式在海洋的所有深度中进行。动物遗骸或大块的有机物沉入海底后被细菌分解，但在再生产较活跃的海洋表层或中层，这些遗骸或有机物在到达海底前就已被完全分解。

活着或死亡的细菌团块都以海雪（sea snow）的形式在海中飘浮。在深海拍摄的照片背景中随处可见到“白色雪花”，这就是细菌团块形成的海雪。

海洋中几乎所有生物都依赖光合作用生成的有机物为基础存在于生物链中，但也有少数特别的生物能利用简单的化学反应（化能合成作用）产生的能量来维持生命。光合自养生物除了一般的藻类以外，还包括前述原始的蓝藻及原绿藻等，它们大多在海中浮游生活，也有些与海洋动物共生。

微型生物的同化与分解功能与物种多样性相关。未来人类也许能发现更多功能群，并将研究清楚生物大小与其生态功能的关系。物质循环在食物链中的流向是由基础生产者的体形大小所决定的。它们中较大的个体为浮游动物所食，快速转换为捕食者的能量，并沿食物链逐级转换为更大型动物的能量。微型生物等体形较小的个体，首先进入与营养盐生产及再循环相关的食物链中。它们形成较大的有机物团块，或在大型动物的体表聚集成块，为微小的原生动物所食，原生动物进一步被更大的动物捕食后才进入食物链（图5）[16]。

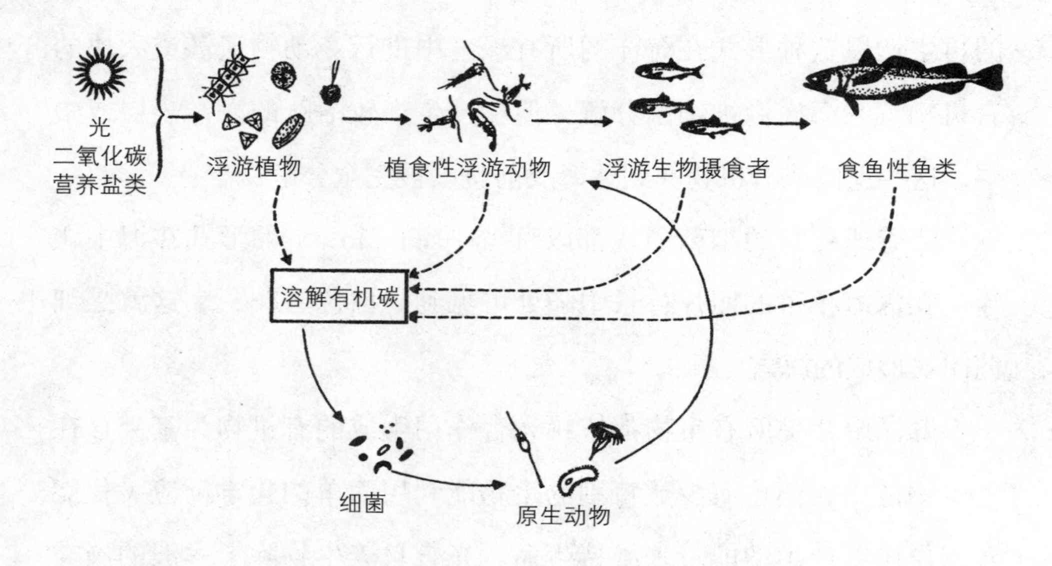

图5 海洋生物的食物链与微型生物食物链

虚线指代谢过程中释放出的溶解状态的有机碳。溶解状态的有机碳是从属营养细菌的碳元素来源。海洋中还存在与大型生物食物链（从浮游植物到食鱼性鱼类）不同的微型生物食物链，即从从属营养细菌到原生动物，再到大型浮游生物

六、海洋与陆地生物多样性的比较

目前已知生物种类中，约85%是陆生。有记载的海洋生物种数的确比陆生的少，但海洋中很可能还有更多未知的物种存在。最近在海洋中发现了铠甲动物门（Loricifera）和环口动物门（Cycliophora）的新物种。前者在沉积物的颗粒间栖息，后者寄生于龙虾的口器外部。陆地上约90%的种类集中于节肢动物门，如昆虫类、蜘蛛等；而海洋生物中较高分类阶元，如门或纲的多样性更高。因分类学家的见解不同，门的数量略有差异。在动物的35个门

中，有34个包含了海洋动物，而陆地动物仅归属于12个门中。而且，有21个门仅含海洋生物，仅含陆地生物的门只有1个。在纲这一分类阶元中，约90%的纲属于海洋生物。如果只关注普通大小的动植物，海洋生物涵盖了43个门，陆地生物涵盖了28个门①。目前，在分类学领域尚未研究清楚，难以对海洋与陆地微型生物进行比较，但海洋中至少有34个门与83个纲的生物存在。

关于物种多样性，有学者认为海洋生物种数仅占所有生物的15%，甚至有观点认为仅占2%。但也有观点认为海洋生物种数与陆地生物种数相仿，其中大多数是底栖生物。科学家提出了许多假说，用以说明海洋中较高分类阶元数较多而物种数较少的原因。主要原因包括进化过程的不同（如动物的主要分类群在原始海洋中已完成分化），海洋与陆地在分散度上的差异，与气候变化程度相关的海洋与陆地环境的不同，等等。另外，捕食者与饵料生物的动态关系及物种间相互作用的不同也是重要原因[18]。

物种调查是耗时耗力的枯燥的工作。物种的数量因调查人员对调查范围内生物的了解程度而异，而且，极微小或运动速度极快的物种易被疏漏，难以采集到。随着采集技术的进步与调查范围的扩大，人类发现了更多的物种，但还远未达到探明自然界中每个物种的生活史与活动方式的程度。另外，关于它们遗传学方面的研究才刚开始。

---

① 译者注：此为原书数据。相关数据现已有更新。

对生态系统而言，单纯的物种数量调查可能意义不大，更重要的是研究清楚生物群落中各种生物的生活史与功能。

在富于变化的海流及海底，海洋生物的摄食方式五花八门。海洋中最重要、最典型的几种摄食生态与捕食方式，在陆地上都未见到。由此可以推测，海洋中的食物网比陆地上的更加复杂，营养级也更多。从浮游动物到藤壶、沙丁鱼，直至鲸鲨、须鲸，它们的共同特点是滤食性，也就是过滤海水获取其中的食物，这是水生动物独具的典型捕食方法。过滤食物需要特殊且复杂的结构与功能。由于饵料生物在水中漂流且其大小与捕食者相比极其微小等，利用刷状摄饵器官及黏液所构成的“网”，将海水中的食物过滤出来获得营养是效率是最高的。滤食习性应该是这样进化而来的。人类通过模仿，制造了从海水中“过滤”出食物的工具——渔网[19]。

陆地上物种多样性较高，原因主要在于植物在广阔的立体空间中形成了复杂的物理结构。海洋中只有盐碱湿地、海藻床、红树林、珊瑚礁能与之相媲美。其中，珊瑚礁的构造最错综复杂。形态各异的珊瑚群体及其基部结构多样的礁体形成了丰富多样的物理环境，加之其间生物的穿孔作用等使珊瑚礁的形状随之变化，提高了珊瑚礁区域的物种多样性，增强了生物间相互作用。如果珊瑚礁遭到破坏或物种构成变得单一，脆弱的生态系统很容易崩溃[20]。

通常在海洋中，仅栖息于某一区域或某个特定地方的固有种比陆地上的少，多数海洋生物分布于相对广阔的水域中。少数海洋生物分布在特定的环境中，这些环境多是在物理或地球化学上相对隔绝的海底、礁石、海沟、海底山脉、热液喷口、冷泉口等处。但有观点认为，海洋中的海流有利于幼虫与卵的扩散，便于生物扩展其分布，因此，即使在如此特殊的环境中，真正的固有种也非常少。当然，也有学者认为，固有种在海洋中并不罕见，至少在底栖生物中存在。

若环境因素发生较大变化，如水温降低、波浪引起海水的扰乱，在合适的时间或季节，底栖生物的卵或幼虫随海水分散，维持了物种的延续。这既是物种扩展到新栖息地的一种方式，也是从其他地域补充幼虫到本地、形成新群落的重要策略。许多陆地生物采取的策略是父母抚育幼体，幼体依赖父母；而多数海洋生物的幼体自发育初期就与父母分离，独立生活。很多海洋生物在其一生中并非仅停留在某一个生态系统中。另外，海洋生物幼体与成体在大小及形态上有着显著差异。

在比较陆地上代表性动物的大小变化与鱼类的大小变化之后，即可发现，陆地动物一生中个体体积的增加量为$10 \sim 10^3$倍，而鱼类为$10^3 \sim 10^7$倍。水母的水螅体附着在浅海海底生长，变态成为水母后开始在水中漂浮。水母幼体的伞直径在1.7厘米左右，不到4个月即可长到70厘米，重量增加4.5×10^4倍。海洋生物随着个体的成长，饵料种类、个体分布区域及深度发生变化，在食物网中的位置及种间关系也发生各种变化，这也是陆地动物所不具有的特点。

1. 海水的物理特性

海水是液体，这是对海洋生物影响最大的因素。这不仅有利于受精及扩展物种的分布，也能促进营养盐的溶解与循环。营养盐的分布模式决定了生物生产，它的动态也影响物种多样性。

海水循环扩散了有毒污染物，对较大范围的生物群落产生有害影响。

海洋与陆地生态系统在自然环境的变动规模上也有差异。海洋中物理环境的变化较小，而陆地上季节性的或一年中的气候变动剧烈。水的比热容较大，给予海洋更稳定的温度环境。水的比热容约为大气的1 000倍。因此与空气相比，水即使吸收了相当多的热量，温度也仅稍有上升；反之，即使丧失了相当多的热量，温度也仅稍有下降。海洋生物由于生活在海水中，免于遭受陆地生物常需经历的干旱等环境压力。为适应陆地上剧烈的环境变化，陆地生物形成了发达的生理功能。而海洋生物，除了栖息于潮间带的物种之外，不需要适应富于变化的环境，也不需要进化出获取及保存水分的能力，这反而导致海洋生物比陆地生物更难适应人类活动造成的环境变化[22]。

与陆地上各生态系统之间巨大的环境差异不同，海洋中除了与陆地交界处的狭窄区域，各种生态系统环境的差异并不明显，而且，海洋生态系统边界的位置经常变化。各种海洋生态系统之间的差异取决于海流、温度、盐度、光照等物理化学特性。虽然海水是连续的，但海流可导致水体的微妙差异，其中的生物难以越过水体的物理边界，海洋生态系统由这样的边界所界定。海流及密度梯度分隔开的生态系统范围广大。海流沿纬度方向流动，世界海洋的植物区系与动物区系大多与此重合。依据目前的研究，大洋漂泳生物的地理分布被不同海流分隔为14个水域，水域之间是广阔的混合区域（过渡带），这里形成了特有的生物区系，可以见到两个水域的物种与过渡带固有种[23]。

水深是海洋与陆地不同的特性之一。为了维持三维世界的生命，陆地上并不存在的生活方式在海洋里却十分普遍，即海洋环境与饵料分布沿垂直方向变化，而海洋生物适应并生活于其中。例如，海洋植物仅分布于能进行光合作用的真光层中。

海水透明度影响光线能到达的水深，光线通常可达水深10 ~ 200米处。动物的食性不同，其栖息地也不同。植食性动物栖息于藻类繁殖旺盛的海水上层，肉食性动物因其饵料生物的种类不同而栖息于特定的水层，而以生物残骸等有机物为食的腐食性动物则分布于海底。种间竞争及捕食压力也影响生物的垂直分布。所以，海水的深度提高了物种多样性，与复杂的食物网相关的功能群多样性，以及群落、生态系统的多样性。

如同陆地与海洋间有明显的分界一样，大气与海洋之间也有分界，这是一层厚度仅为50微米的海面微表层。大气与海洋通过这层薄薄的边界进行物质交换。大气中的二氧化碳、氧气、有毒物质等溶入海洋，海洋散发出气泡等包裹着气体进入大气。海面微表层中凝集的水分子并不与其下的海水相混合。

海面微表层聚集了某些化学物质和生物。这些生物能借助表面张力或浮力，浮于海面生活。有些海洋生物仅在卵与幼虫阶段生活于海面微表层。

2. 海水的化学及生物化学特性

生物在溶解了各种化学物质的海水里活跃地进行生化反应。无论在海洋还是陆地，动植物都会产生特殊的化学物质用于求偶，作为信号以逃避捕食者，或借此威慑竞争对手，与竞争对手之间保持一定距离。生物合成的这些化学物质还可用于促进自身或其他种生物的生长。因此，利用化学信号来传递信息在海洋中显得尤为重要。当底栖生物的幼虫阶段进行着底时，藻类或微生物会发出“这里最适合着底变态”的化学信号，让底幼虫能够达到较高的成活率。

例如在岩礁区域生长的水石藻（*Hydrolithon*）等红藻类，能发出鲍鱼幼虫生长所需要的特殊化学物质。鲍鱼幼虫的浮游阶段时间很短，大约只有几周，在这个阶段幼虫必须找到适合着底的地方，在缺乏这些化学信号的地方，幼虫不进行着底和变态。造礁珊瑚中，石珊瑚浮浪幼虫的着底也与石灰质红藻及特定细菌之间存在这种关系[24]。

海洋生物也能产生自我调节的化学信号。例如，处于产卵期的鲍鱼个体向海水中释放激素，促使整个鲍鱼群体开始产卵，可一次性在水中产下大量的卵，从而提高了受精的成功率。在其他贝类及鲱鱼中，也存在类似的化学信号。它们借此探知交配的机会以及饵料的所在，但若海水中存在化学污染，可破坏这些化学信号的活性及传达，导致信号混乱而威胁这些物种的生存。有证据显示，过氧化氢等刺激性物质导致鲍鱼分泌促进产卵的激素。也有报道指出，从废弃物中溶出的化学污染物影响了贝类对环境因子的探知能力，使其反应变得迟钝[25]。

海洋生物自身也产生毒素。特别是在热带珊瑚礁区域，许多种类通过产生各种毒素以避免被捕食的厄运。海水中许多浮游植物也通过分泌毒素，在种间竞争的获胜。浮游生物形成的群落是多样的，毒素的影响通常仅停留在浮游生物所处的较低营养级，但如果周围环境非常利于分泌毒素的特定种的大量繁殖，毒素也会影响接触或食用了该物种的鱼类、鲸类甚至人类等更高的营养级。这种有毒藻类的异常发生现象被称为赤潮（red tide）。近年来赤潮的频繁发生，城市及农村排放的大量的营养盐以及海洋生态平衡的崩溃可能为主要的原因。

七、海洋生物多样性的分布尺度及模式

海洋生物多样性是通过各物种在时间和空间上，以及理化和生

物的相互作用过程中所形成的，因此当某种特定生物成为研究与保护的对象时，必须了解与其有关的生态系统的空间大小以及各种理化因素与生物因素的相互关系。

对于我们所居住的地球而言，最令人担心的问题之一是如何对整个地球的生物多样性进行保护，然而几乎没有科学家及决策者能对如此规模巨大的研究与保护负责。无论在陆地还是海洋，人们更容易理解和处理较小空间里的问题，科学家依据理化或生物特性将研究限定在较小的范围内，而决策者则以法律为依据来界定生态系统保护的范围。然而，以人为的行政理念来管理大自然是不可取的。因此，我们必须以科学为基础来界定生态系统的范围，据此制定的保护和管理方案才能有效。

即便如此，海洋中的生物及化学物质并非局限于特定的生态系统中，而是处于一个开放系统中，因此保护海洋生物多样性绝非易事。例如，在研究某河口区域物种多样性时，有必要考虑生物出入的相邻沿海区域，也必须考虑用水和排水的比例、污染源（有些可能距离较远）及一年间气候的变化。

另外，在沿海及大洋生态系统中，也需要注意随时空变化的上升流及湍流等海流的类型及过程。这里的生物多样性并非局限于附近生态系统内，而是需要考虑更大的空间。另外，在生态系统内部，较小规模的物理与生物作用能够使得物种呈斑块状的不均匀分布状态。

1. 海洋物种多样性的变化趋势

通常，科研人员选择藻类、浮游动物、鱼类、造礁珊瑚等范围较大的生物群，或以桡足类、磷虾类等范围较小的生物群作为研究对象。由于缺乏对整个生物群落的调查报告，这里介绍的只是一般性趋势，通过海洋生物调查及从化石记录中获取的信息，人们得出了在广阔范围内的物种分布模式及趋势。不同类型的生物群一般在分布上存在若干差异。

海洋生物多样性随纬度而变化。例如北半球因北冰洋形成的历史较短，这里固有种比太平洋和大西洋的少，物种多样性也较低。对某些物种的化石和现存软体动物的研究发现，北半球从北极区域到赤道区域之间，随着纬度降低，物种多样性呈增加的趋势。而且，深海热液喷口附近的物种多样性也有类似的趋势。但浮游生物分布上与此不同，其物种多样性在15°N～40°N最高。藻类的物种多样性在中纬度区域达到顶峰，但是这种趋势在南半球并不十分明显[26]。

在经度方面，造礁珊瑚的物种多样性在太平洋西侧热带海域最高。就造礁珊瑚的物种多样性而言，太平洋与大西洋相比具有压倒性优势，而且在马来半岛、菲律宾群岛、印度尼西亚群岛周围的水域最高。地球历史显示，在最近一次冰河期，面积相对较小的大西洋水温较低，而在较广阔的太平洋中存留了较温暖的水域，提供了珊瑚生存所需的相对稳定的条件，许多造礁珊瑚得以幸存。

另外，无论在哪个大洋，西侧的物种多样性都较东侧高，这是由于西侧的海水较东侧浅，分布了许多大小不等的岛屿，再加上来自低纬度海域海流的影响，温暖水域可延伸到高纬度地区，珊瑚礁更容易生长[27]。

科学家研究了物种多样性从大陆架到大洋的变化趋势。长期以来，人们一直认为底栖生物的物种多样性随水深的增加而减少。对软底质中的小型底栖生物（间隙动物）的调查得出了相反的结果，底栖生物物种多样性在大陆架向外水深1 500～2 000米的范围内达到顶峰。但在浮游生物及微型游泳生物（小鱼及游泳性虾）中，其物种多样性在垂直方向1 000～1 500米附近最大。另外，海底边界层（紧靠海底上方、具有特定性质的水层）附近分布着特征鲜明的浮游生物和底栖生物，物种多样性转而增加[28]。

实际上，可能并不存在反映某一个生态系统物种多样性高低的地理模式，每个地区潜在的物种多样性似乎都是有限的。人们实际观察到的物种多样性，是影响物种的理化作用与生物作用共同决定的结果。

2. 海洋生态的划分

由于海洋辽阔，在研究海洋及调查人类活动对海洋的影响时，研究人员倾向于将水域与水深分开。研究人员首先必须了解研究对象的生活环境是漂泳区还是底栖区，两者的物理及生物特性。底栖区比漂泳区分布了更多种类的动物，浅海的底栖区还生长着海藻及海草。

依据迄今的详细调查结果，在垂直及水平方向均能对海洋生态环境进行详细划分（图6）。

从潮间带到水深约200米的逐渐倾斜的海底，被称为浅海区。大陆架向外倾斜程度加大，这部分是大陆斜面。水深从200米到4 000米之间被称为渐深海区。水深4 000米以上一般是平坦的深海平原。

水深2 000 ~ 6 000米处属于深海区。水深超过6 000米的海沟底部及两侧称为超深海区，海底最深处是深达一万多米的海沟。

漂泳区从海面到海底也分为若干层：水深小于100 ~ 200米的真光层、水深700 ~ 1 000米的弱光层、水深1 000 ~ 11 000米之间的无光

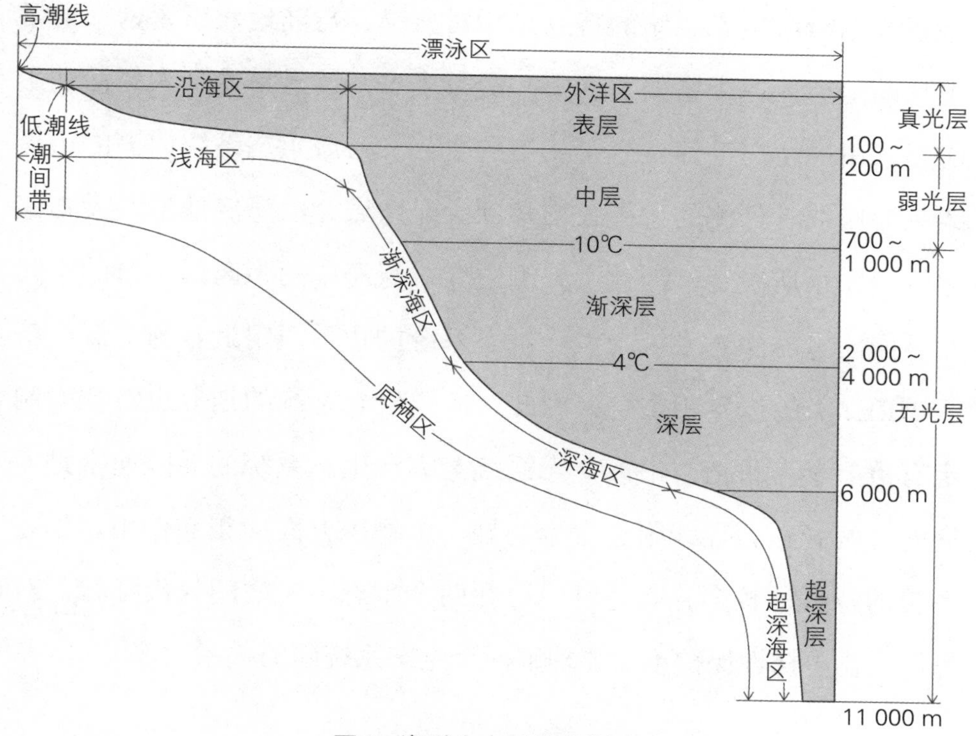

图6　海洋生态系统的划分

层，无光层又分水深1 000～3 000米的渐深层、水深3 000～6 000米的深层、水深6 000～11 000米之间的超深层。也有学者将渐深层与深层一同称为深层。除了这些划分方法，有学者将富于生态特点的海洋表层和海底边界层作为研究对象[29]。

另外，在日本人们喝的所谓“海洋深层水”的饮用水，绝大多数是取自深度小于700米的中层。

由于中层的浮游动物在水中做昼夜垂直运动，将表层的物质带到中层，因此这里水质与深层海水不同。

在水平方向上，海洋生态系统被划分为沿海生态系统与大洋生态系统。沿海生态系统的特点是相对狭窄，与陆地联系紧密，通常可从陆地上获取丰富的营养盐。沿海生态系统最易受到人类活动影响，这里的生态已经发生了相当的变化。沿海生态系统内侧的边界线是海岸线，外侧的边界线推移到大洋区域，由海底地形及大陆架边缘的联系所决定，因此，外侧边界线与海岸的距离因海区的不同而不同。沿海生态系统与大洋生态系统的边界线附近常与专属经济区（EEZ）的边界相重叠，因此，海洋生态系统的划分也对政策制定有重要参考价值。沿海生态系统与大洋生态系统的界限通常是模糊的，两者在边界线附近发生物理、生物等方面的相互作用。生态系统的特有种较多，有些种也可在两个生态系统之间自由穿行。对海洋生物多样性保护也需要理解两个生态系统间的关系。

第3章
沿海生态系统

海月水母邮票
（Jersey，1994）

滨海区是指从陆地向海洋的过渡区域，从潮间带或海浪拍打的陆地开始到辽阔的大陆架边缘之间的部分。受潮汐影响的河口半咸水区及海湾也属于沿海区域。这里不仅是海洋的边缘，也是江河汇入海洋的重要地带。一些学者之所以将河口区列入沿海区域中，原因在于河口区是淡水与海水混合的地方，水体中含有沿海区域生物所不可缺少的各种物质。

滨海区域面积虽然不到整个海洋面积的10%，却是海洋生产力最高的地方，对地球碳元素等的循环发挥非常重要的作用，也容易在此发生物种的隔离与融合。物种常按温度、盐度等理化因子梯度分布，有些物种能够在其生活史的某一时期穿越该梯度离开滨海区。肥料、有毒污染物、病原体等可从陆地、大气、船舶、海底油田等汇入渔业和养殖业发达的滨海区，共同作用，集中显现人类活动造成的不良影响。世界上主要河流汇入大海之前，其流量的50%以上已被作为农业用水和饮用水利用。人口的增加及陆地的开发也使滨海区的环境显著恶化。

滨海区涵盖了河口、盐碱湿地、岩礁、沙滩、红树林、珊瑚礁等各种各样的生态系统。本章将探讨这些生态系统中的生物过程和生物多样性，以及人类活动对生态系统的影响。

一、河口区域与盐碱湿地

河口区域及相邻的盐碱湿地是海洋与陆地生态系统交会之处。

这里最显著的特点是海湾、湖汊、河口、潟湖等的存在。淡水的流入与海洋的潮汐作用使河口区域及盐碱湿地的盐度处于不断变化中，因而改变着生物栖息地的环境。

海平面水位的变动以及作为大陆移动和海底扩张原因之一的地壳运动，多次改变了海岸线的位置。从地球历史的时间尺度来看，现在所见到的河口区域形成相对较晚，因此，这里尚未形成具有较高多样性的复杂生物群落。河口区域虽看似美丽且富于变化，但与海洋更深处的生态系统相比，物种多样性较低。河口区域及盐碱湿地区陆海交错、地形复杂，每个被分割的地带具有不同的生物群落。整体来说，河口区域较盐碱湿地生物多样性高。

另外，在河口区域许多生物尚处于适应这一环境而演化的初期阶段，许多寻求新栖息地的生物有机会在此扩大分布。船舶常从别的区域带来外来物种，它们或许能够适应这里的环境，取代原有物种繁衍生息。河口区域面临着人类活动造成物种搅乱的严重问题。我们难以预测哪些物种的移入将破坏原有生物群落，哪种生物仅是数量增加而不影响当地物种或是移入以失败告终[1]。

河口区域的环境随时间的推移和季节的更替发生变化，物理及化学因子控制着这里水生生物的分布。这些生物的生活范围取决于从淡水到海水的盐度梯度、水温的季节变化、光照强度、营养盐等条件，因此可通过盐度变化、潮汐、季节以及淡水流入区域与大洋区域间的距离进行预测。不过，有时大雨可能造成河流入海量大增，暴风可能引起海水侵入等，导致盐度发生难以预测的变化。物种多样性较低，是河口区域的特征之一，这可能是变化多端的物理环境所造成的[2]。

河口区域生物多样性的降低可体现在科数的减少。通常与盐度变化相似，物种数从大洋到河口逐渐减少，但进入河流后又转而增加。当然也有例外：由于蒸发量大于降雨量，热带的一些河口区域盐度比海水还高，这里的物种多样性仍然较低。

营养盐对河口区域的基础生产及物种多样性有重要影响。受季节性降雨及季风的影响，从陆地流入及从海底搅起的营养盐的量是

照片2　盐碱湿地

日本能取湖畔的盐角草群落

照片3　美国得克萨斯沿岸盐碱湿地的稻科植物群落

变化的。另外，在日照量及降雨量有很大季节性差异的中、高纬度地区，营养盐增加且日照充足时，微藻与水生植物快速生长，支撑了该地区动物的生长和繁殖。

各个物种达到快速生长顶峰的时期也不相同，微藻的种类构成及生长与季节变化相关。在不适宜生长的时期，微藻形成休眠孢子，在河口区域的底部休眠。有全年在河口区域生活的动物，还有穿过河口区域从江河游到海洋或从海洋游往江河的、周期性进行产卵洄游与索饵洄游的动物。

因为河口区域是许多鱼类繁育的地方，这里的环境状况影响仔鱼的物种构成以及从这里迁移到其他地方的亲鱼群落的构成。沿海区域出产的贝类许多来自河口区域，河口区域生物生产下降将对沿海区域整体产生负面影响[3]。

通常，河口区域被盐碱湿地包围，其中还包含着呈点状分布的其他湿地。微咸水处的潮间带包括了热带繁茂的红树林，温带的盐角草、芦苇等藜科及禾本科盐生植物群落。由大叶藻类（*Zostera*等几种显花植物）所形成的茂盛的大叶藻场（海草场）可以在温带和热带出现。这些植物通常生长于完全被水淹没的沙地，间隙里有小型海藻生长，海草场成为包括大洋物种幼体的小型动物的栖息地与隐藏地，也为多种动物提供了丰富的饵料，如温带的天鹅、大雁等候鸟，热带的儒艮。大叶藻的叶片上也可附着浓密的藻类，这些藻类成为在叶片上栖息的小型海螺及甲壳类的饵料。虽然河口区域有100种以上的浮游植物，但是它们的生物量尚不足以支撑这里的浮游动物，河口区域的沉水性显花植物和微小的附着藻类也发挥了基础生产者的重要作用。大叶藻破碎的叶片及其上附着的藻类被分解成碎屑，成为海底上的浮泥，是河口区域食物链中不可缺少的组成部分[4]。

潮间带中被泥覆盖的海滩与其他湿地不同，未被大型盐生植物（海藻和海草）所覆盖。在泥中生活的动物，是水鸟极为重要的饵料。泥中栖息的生物种类不多，沙蚕、双壳类、螺等占优势，也可见到招潮蟹（沙蟹科）。

招潮蟹在海滩上挖掘巢穴，雄性单侧有巨大的螯。它们巧妙地

照片4　日本石垣岛的大叶藻场

伊土名地先海草场是日本物种多样性最高的海草场之一（林原毅　摄影）

适应了潮汐引起的周期性环境变化，满潮时巢穴入口被封住藏于巢穴中，退潮后从巢穴中爬到海滩上活动，摄食泥中或潮汐留下的有机物。

鲎是河口区域极富魅力的生物，分类上属于肢口纲。与螃蟹相比，它与蜘蛛和蝎子的亲缘关系更近。它幸免于恐龙等无数生物所遭遇的灭绝厄运，在地球上繁衍了5亿年，因而常被称为“活化石”。美国大西洋沿岸的美洲鲎为海鸟度过春天提供了营养源。

照片5　帕劳的红树林（田村实　摄影）

它们在5、6月水温较高的大潮期集体产卵，海鸟飞往特拉华湾（Delaware Bay）与切萨皮克湾（Chesapeake Bay）附近，趁机疯狂摄食沙中的鲎卵，享用自然界的盛宴。在日本，鲎的产卵地虽然好不容易保留下来，但其栖息地附近海域填海造地，导致很难见到它们。分布于东南亚的南方鲎因其可用于食品、肥料、鱼饵、医药材料的生产而被滥捕，而且其生活区域也受到环境污染的严重威胁。

红树林曾覆盖了热带海湾及海岸75%的面积，为河口区域的生物提供了多样的隐藏地。常见的红树林植物包括木榄、秋茄树、海榄雌等50种盐生植物。与珊瑚礁相似，红树林在印度洋与西太平洋的边界线附近物种多、生长繁盛，从这里向东或向西，其分布范围与物种数均呈减少的趋势。红树林的支柱根之间成为小型动物与动物幼体的天然隐藏地。底栖生物主要以红树林产生的沉积物及泥滩上的微藻为饵料。泥蟹类及海螺类将红树林的落叶切碎，落叶上附着的细菌将其分解成动物的饵料。许多动植物成为红树林区域的特有种，也有暂时在此生息的生物。据报道在澳大利亚热带海岸，75%的重要鱼类在红树林度过了仔鱼期。

但是，由于人类活动，红树林生态系统受到严重破坏。大部分红树林湿地被用于建造虾的养殖池，也有的被作为农田及城市用地，还有红树植物被作为燃料而砍伐[5]。

人类在河口区域的活动永无休止，其中最直接且造成长期影响的是填海造陆，以及道路、港口、船坞、养殖场等的建设，这些活动造成河口区域不断被侵蚀，连部分湿地也遭到破坏。河口堰建设、灌溉及饮用水的抽取改变了江河的淡水入海量。淡水入海量减少使河口区域的盐度上升，湿地变干且面积缩小，从而导致物种多样性下降。

其他问题还包括地下水的流入及大气中废气溶入水体，造成河口区域底质的污染。几乎所有湿地的底质都呈缺氧状态，动物难以栖息。湿地的生态功能包括过滤从陆地流入的有毒物质、沉淀并蓄积悬浊物等，减轻这些物质对河口区域整体的负面影响。

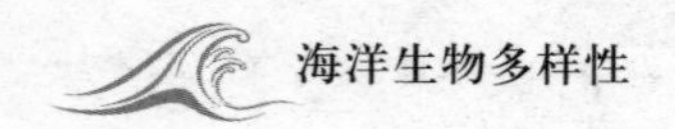

海滩底质中蓄积了河口区域产生的以及来自陆上的有机物，这些有机物容易与有毒化学物质相结合。河口区域的底质发挥了过滤有机物的作用，但有毒物质的流入与蓄积降低了底质的过滤作用，并威胁到以沉积物为食的生物[6]。

受农业废水、生活污水、大气污染的影响，河口区域营养盐丰富。据推测由于人类活动的影响，流入美国东海岸河口区域的含氮营养盐比史前增加了近10倍。以前，大型沉水植物通过吸收营养盐净化了水体，但目前随着盐生植物栖息地的大量减少、浮游植物的大量增殖，水体变得越来越混浊。人类能否减少对河口区域及湿地的有害活

照片6　在科隆群岛岩滩上休息的加拉帕戈斯海狗

动，恢复原有的生物多样性呢？遗憾的是，河口区域的生态系统一旦遭到破坏，即使消除有害作用，短时间内也恐难恢复。

二、岩礁与沙滩

生态学者对岩礁所在的潮间带及潮下带进行了大量研究，对决定这里物种多样性的生物过程提出了若干理论。岩礁是较容易进行科学调查的地方，这里有趣的生物对游客也颇具吸引力。岩礁具有中等乃至较高的物种多样性，一个重要原因是这里复杂的物理构造形成了多样的栖息环境。这里的基本生物群落是附着或固着于岩礁上的海藻及无脊椎动物。在有些地方，海狗、北海狮等海洋哺乳动物也对生态系统发挥了重要作用。潮间带上有棱角的石头被波浪卷动、翻滚，不规则地排列，或最终成为圆石子，岩石中形成了适于生物隐藏的裂缝或水洼。

生活空间对于栖息于岩礁的生物来说尤为重要，各种物理、生物要素制约了围绕栖息地产生的种间竞争，潮位的变动造就了动态变化的环境。

饵料与营养盐在每次潮汐涨落中得到更新，受精卵、幼体和有机物通过退潮及与海岸线平行的沿岸流进行扩散。潮汐涨落的作用使岩礁上的生物呈明显的带状分布，每个带状区域都具有其特有的优势种，这与其基底所受波浪的冲击强度，及干出高度有关。干出高度与波浪如何到达海岸、如何破碎、其能量如何消散相关，受波浪方向、岩礁的位置、坡度及与波浪碰撞强度的影响。

能在潮间带生活的物种都是退潮时进行领地争斗后的胜利者。距离海面最远的潮上带密密麻麻地附着有特别耐干的短滨螺类，潮间带上部是藤壶的领地，潮间带下部到较浅的潮下带与干出时间较长的潮间带上部相比，物理环境压力较低，因此能见到更多的物种。

温带地区的潮下带是藻类物种多样性最高的地方。在较浅的潮下带有供海带类和马尾藻类的假根牢固附着的基质。此外，有利因素还包括众多的栖息场所、充足的光照以及涨潮带来的丰富营养盐（图7）。

潮间带物种的构成与分布是由若干物理与生物条件所决定的。这些条件包括潮间带的宽窄、干露程度、光照强度、潮汐涨落期间及季节间的温度变化、营养盐、育儿所的有无、捕食压力、生物间的竞争等。在不同地方，每个条件的相对重要性不同，通常物理条件影响潮间带上部的生物群落分布，生物条件则影响物种多样性及潮间带下部的生物群落分布[7]。

通过对潮间带的调查，人们逐渐认识到第2章所阐述的关键种的作用。作为关键种的某种捕食者对其几种饵料生物的个体数与种间竞争发挥了调节作用。如果去除了某处的关键种，可激化饵料生物间的种间竞争，导致最终仅剩一个物种独占该栖息地。野外调查结果验证了这点[8]。

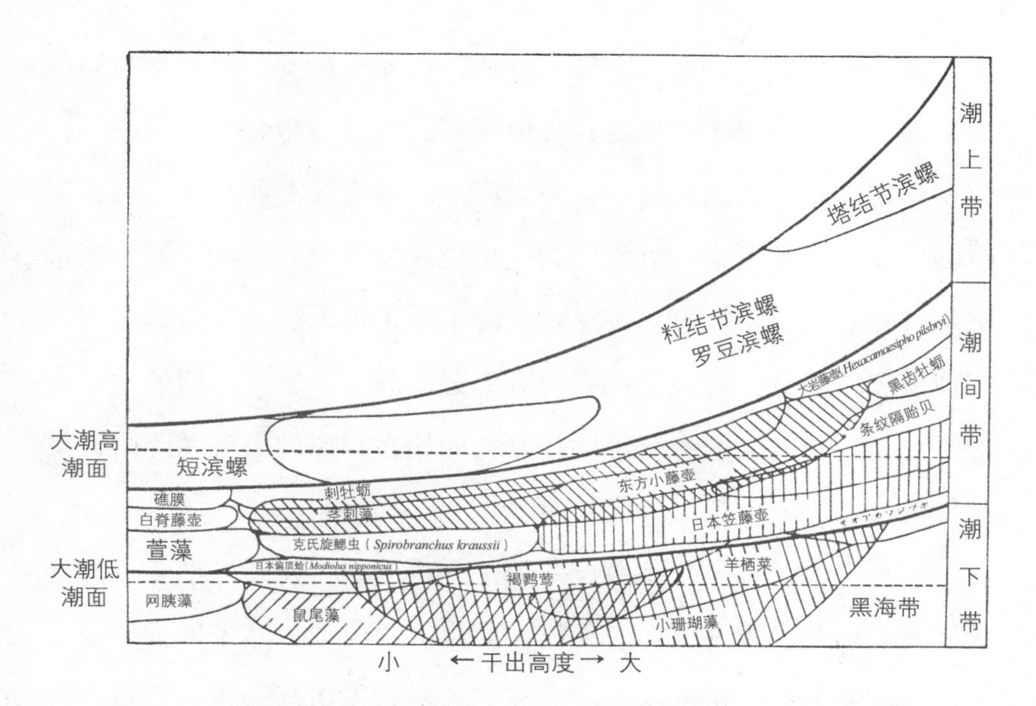

图7　日本本州中南部岩礁海岸上干出高度与物种带状分布结构的关系

（时冈、原田、西村，1973）

海岸生物的分布深受底质特性（岩、沙、泥等）、潮汐及干出高度的影响。在波浪冲击较剧烈处，潮上带及潮间带的垂直分布向上方扩展，提高了物种的分布范围

研究证明，各类岩礁型潮间带都存在关键种。例如，作为关键种的海獭大量捕食以巨藻等海带目大型藻类为食的海胆、鲍鱼等，使海胆和鲍鱼的种群密度保持在较低水平，海底森林才得以繁茂地生长，从而为各种生物提供了多种多样的栖息地。然而，进入20世纪90年代，在阿留申群岛的埃达克岛（Adak Island）附近，虎鲸开始以海獭为主要食物，使该海域的海獭数量减少了近90%，海胆乘机大量繁殖啃食海藻，导致海底森林及赖其生存的相关物种消失。

另外一个例子，海獭因其毛皮的价值而被过度捕杀，阿拉斯加岩礁海岸上曾经繁茂的海底森林由于海胆的大量摄食而遭受破坏，以至绝迹。但在加利福尼亚，虽然海獭的消失使海胆数量增加，但有些巨藻却幸存下来，可能因为这里的风暴及上升流从海洋深层带来的营养盐支撑了巨藻的快速生长而不至于被海胆啃食殆尽。智利海域的茂盛的巨藻海底森林中没有海獭，却有海胆，海胆的生态功能可能与其他海域的有所不同。可见即使在相似的生态系统中，关键种也会因地而异[10]。

一旦将关键种从生态系统中移除，生态系统将随之变化，即使再恢复之前的关键种，生态系统大多也无法复原。这是因为生态系统已达到新的另一平衡状态，原有的关键种不再能够发挥关键的作用了。有研究将作为关键种的海星移出一段时间后，作为其饵料的厚壳贻贝占领了整个生态空间，且体形长到海星无法捕食的大小。这时即使将海星再移入，它已无法成为关键种，对其中的物种多样性难以产生明显的影响[11]。

岩滩的物种多样性还受到其他因素的影响。潮间带无脊椎动物的寿命相对较短，且容易被物理及生物因素所影响，它们通过大量繁殖为种群补充新个体，从而保持了它们在群落内的地位。因此，与个体的分散变动相同，物种繁殖周期及种群间的距离也影响了物种多样性。无脊椎动物的幼虫往往通过浮游散布到较大范围，某处的幼虫可能来自相距遥远的种群，幼虫必须平安渡过这段旅程。幼虫很容易被捕食，同时也可能成为海水污染等恶劣环境的牺牲品。在幼虫所在之处，其父辈的种群数量变动也是决定幼虫数量的重要因素，因而每年的新生个体数量都有变化[12]。

物理因素的干扰也影响了岩滩的物种多样性。以珊瑚礁为例，在受巨浪、漂浮物等的摩擦作用影响的空间中，无法长期进行种间竞争的物种趁机侵入。通常在发生频率中等的干扰作用下，物种多样性有升高的趋势；干扰程度较小或发生频率较低时，竞争能力较弱的物种可能被淘汰；在干扰连续发生的情况下，许多物种因无法完成繁殖而销声匿迹[13]。

在面向波浪的岩礁上，受到波浪冲击的物理干扰作用很大，许多生物难以附着在这样的岩礁上，只有那些不被撕裂、冲走、剥离、附着力强的生物才能存活下来。可以想象，这里的物种多样性较低。但能幸存的生物都具有奇高的生产力，原因在于波浪不断地给这些生物带来营养盐或作为饵料的悬浊物。另外，有些海藻在退潮时暴露于空气中，在强烈阳光的照射下，利用浪花带来的轻微湿润也能进行光合作用。

能够适应这种严酷环境的典型代表是昆布类。这类海藻具有粗壮而柔软的柄和固着器，将自身牢牢固定于岩礁上，沿着柄长出椰树叶般、狭窄的叶状体，它们随波漂动，吸收着海水中的营养盐[14]。

岩滩的生物多样性整体较高，可能也与这里的物种易被发现和调查有关。岩礁的物种多样性不一定具有随纬度降低而升高的特征。

照片7　澳大利亚大堡礁的沙滩

照片8　澳大利亚大堡礁赫伦岛沙滩上完成产卵的蠵龟

例如，藻类的物种多样性在温带最高，无脊椎动物的物种多样性在温带与热带没有明显差异。

沙滩的物种多样性通常比岩礁的低，因为沙滩的底质不稳定，饵料的来源也有限。但目前尚不清楚主要分布在沙粒缝隙间的微小物种（如小型底栖生物）到底有多少。它们是沙滩的重要组成部分，是沙里和沙上更大动物的饵料生物。

为方便起见，我们按体形大小将底栖生物大致分为4类：肉眼足以观察到的称为巨型底栖生物；将采集来的泥沙以孔径1毫米的筛子过滤，留在筛子上的、除了巨型底栖生物之外的称为大型底栖生物；更小的、但能留在孔径37微米的筛子上的称为小型底栖生物；更小的则称为微型底栖生物。按其生活方式可分为3个类群：栖息于海底表面，有时在水中游动的是底上动物；推移沉积物并藏身于软泥中的是内栖动物；栖息于沙粒及沉积物颗粒缝隙中的是间隙动物。

沙滩上栖息的动物以各种方式适应这里不稳定的环境。低潮时，许多动物隐藏于洞穴中或只把身体的一部分从沙中探出。随潮水在海岸上移动的贝类，如沙掘贝、楔形斧蛤，退潮时完全藏于低潮线附近的沙中，涨潮时则一齐从泥沙中爬出，随水流移动。

虽不如岩礁区的明显，沙滩生物也因潮汐作用呈现带状分布。从潮上带往潮下带方向，物种数量逐渐增加，这与生物的耐旱能力和波浪的作用有关。小型底栖生物不仅因潮汐呈带状分布，也因与湿度、水温和含氧量紧密相关的泥沙厚度呈带状分布。

沙滩的基础生产者是被潮流带来的微藻和沙上的底栖藻类。在波浪拍打处的边缘，多种硅藻大量留存于沙滩表面。许多动物滤食浮游状态的硅藻，也有动物像潮间带泥沙中的竹蛏那样在退潮时对停留在沙上的硅藻进行摄食[15]。

三、珊瑚礁

珊瑚礁的物种多样性是海洋生态系统中最高的。珊瑚礁便于潜水观察，具有较高的观赏价值，其生物群落的照片广泛流传，众多因素造就了珊瑚礁相较其他生态系统的更高的知名度。色彩斑斓、形态多样的珊瑚礁生物令观赏者宛若置身梦境。珊瑚礁生态系统像热带雨林那样物种数量较多，由于这里贫营养，海水透明度极高，肉眼可见的植物非常少。这两个生态系统都具有复杂的三维立体结构，为栖息于此的生物提供了许多小生境。热带雨林中这样的立体结构主要由植物形成，而珊瑚礁生物则是由被称为造礁珊瑚（以下简称为珊瑚）的动物形成的。珊瑚一般是指珊瑚虫的群体，珊瑚虫能固定水中的钙离子，以所分泌的碳酸钙为材料建成精巧的“公寓”。

照片9　日本庆良间诸岛屋嘉比岛的珊瑚群落

照片10　日本庆良间诸岛阿嘉岛珊瑚礁的黄斑光鳃鱼群（阿嘉岛临海研究所提供）

尽管珊瑚礁具很高的认知度，但已报道的珊瑚礁物种数量恐怕不足珊瑚礁全部生物的10%，这个数字意味着估计至少有100万种（也有人估计约有900万种）栖息于这一生态系统中。热带、亚热带地区约1亿9 000万平方千米的水域中，珊瑚礁的面积约为62万平方千米。我们不仅难以确定珊瑚礁的物种多样性，也不清楚人类活动造成了珊瑚礁中多少珊瑚死亡和生物灭绝。

珊瑚礁其实与人类关系密切，现将这个生态系统的重要功能以及对人类的价值列举如下：① 具有很高的物种多样性，堪称基因宝库；② 是水产资源生物的繁殖地和栖息地；③ 坚硬的礁体及其风化后形成的沙滩是人类生命财产的天然屏障，防护了热带风暴与巨浪的侵袭；④ 是海洋潜水与旅游观光胜地；⑤ 对人类的身心有疗养作用；⑥ 通过珊瑚礁生物复杂的食物链摄入有机物；⑦ 珊瑚颗粒形成的沙滩具有过滤作用，从而净化海水。

如此珍贵的珊瑚礁，仅在短短50年间，20%已经消亡，24%即将消亡，更有26%也面临消亡的危机。消亡与衰退的主要原因包括白化现象，以及滥捕、填海造地和陆地开发所造成的红黏土的流入等。海水富营养化、农业及城市排水、沿岸的建设工程、污水排放、开采活动、热带雨林的砍伐、使用炸药或毒药进行的非法渔业等破坏作用也不容忽视。白化现象是指珊瑚受到环境压力时将体内共生的虫黄藻排出而死亡，使得珊瑚礁颜色变白的现象。随着珊瑚礁的减少，越来越多的珊瑚礁生物消失，海岸附近的鱼群也相应减少，海水变得混浊，对珊瑚礁附近区域生活里的一亿多居民危害巨大，旅游业和渔业也遭受损失[16]。

从珊瑚虫和石灰质藻类、有孔虫、贝类等一起生成坚硬的石灰质基质，日积月累，形成珊瑚礁。珊瑚分布在日光充足的大陆和岛屿边缘的浅海区域。珊瑚对光照的需求是源于其体内共生的虫黄藻。珊瑚可以利用虫黄藻光合作用产生的氨基酸和甘油等有机物为营养，因此，珊瑚虫白天不需要从海水中主动摄食。

珊瑚的生长也依赖光线。许多珊瑚是群居性生物，通过分裂生殖，遗传信息相同的珊瑚个体群集成“团块”。珊瑚虫居住于石灰质骨骼形成的一面开口的被称为荚的小室中。小室间隙填充着被称为共骨的骨骼，无数重叠的骨骼形成了状如圆桌或鹿角等颇具特色的精巧结构，如石珊瑚、脑纹珊瑚。珊瑚的形成过程中，石灰质藻类的作用很大，它们可将死的珊瑚骨骼结合起来，或用其产生的石灰质将珊瑚壳和有孔虫壳覆盖成一个整体。珊瑚基部是长期累积的珊瑚骨骼与石灰藻形成的，其上方的珊瑚群体从岸边向海面方向不断扩大，且随着海面上升，珊瑚礁也向上发展（图8）。

关于珊瑚的繁殖，人们很早就知道许多珊瑚是雌雄同体的。但直到20世纪80年代，才在澳大利亚的大堡礁附近发现了珊瑚是在一

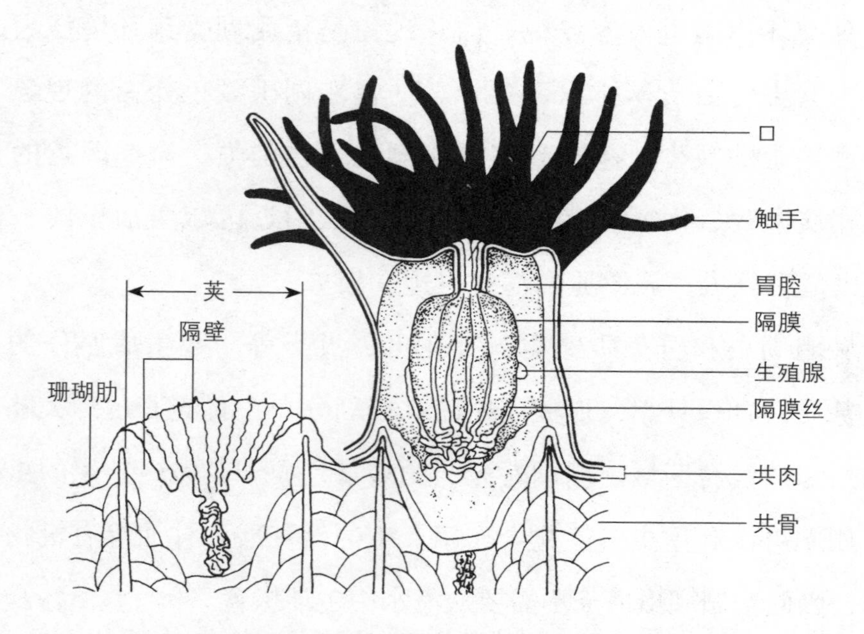

图8　石珊瑚的珊瑚虫软组织与骨骼构造（大森等，1998）

珊瑚虫由捕食饵料的触手、摄食与排泄的口、消化食物的胃腔等软组织以及外骨骼组成。其软组织结构与海葵相似，珊瑚就如同具有骨骼的海葵。

年中的一天或两天、日落几小时之后一齐产卵的。

在冲绳，每年5、6月满月前3天到满月后7天，珊瑚水螅体的口附近几个或十几个卵与许多精子在日落前形成丸子状的“包裹”，“包裹”几乎要被撑破并逐渐上浮。天黑后，这些“包裹”一齐浮到水面，放散出卵和精子，然后卵和精子结合。由于不进行自体受精，同种的珊瑚必须同时产卵以提高受精率。同时产卵对于珊瑚还有另一层意义：一次性释放出许多“包裹”有利于逃避鱼类的捕食，提高存活率。那么，同时产卵是如何实现的呢？珊瑚似乎能感知满月周期和日落时间。除了这些，还有许多问题尚待解释。有学者推测水螅体可能利用化学物质互相传递信号。

除了珊瑚礁复杂的构造，在珊瑚礁形成以来的漫长岁月，稳定的环境也对这个由多物种构成的复杂群落的繁荣做出了贡献。迄今，代表性的珊瑚礁已连续生长了约6 000年。珊瑚礁的生物群落高度组织化，以珊瑚为中心通过竞争与共生共同进化、特化的物种按其功能可分为：① 形成珊瑚礁构造的珊瑚与藻类；② 破坏珊瑚骨骼、摄食藻类的鱼类及海胆类；③ 肉食性鱼类；④ 摄食珊瑚的长棘海星和面包海星；⑤ 摄食珊瑚砂中有机物的海参类；⑥ 潜藏于珊瑚礁中，或附着于礁石或珊瑚的骨骼上，或隐藏于珊瑚构造外侧的隐蔽动物等等。物种多样性较高的珊瑚礁物种多为隐蔽动物[17]。

通常，珊瑚礁仅分布于热带海域，珊瑚的物种多样性在赤道附近最高。从经度上看，西太平洋珊瑚的物种多样性最高，向东逐渐下降。加勒比海珊瑚的物种多样性次之，沿大西洋向东其多样性进一步下降。印度洋珊瑚的物种多样性也比较高，区域间物种差距较小。珊瑚礁在世界上6 000多个海域独立分布，但这些珊瑚物种大多具有较广分布的特点，分布局限于某地的固有种较少。这是通过种的移入、再移入，或是幼体被海流从某个珊瑚礁带到其他地方实现的。但有些珊瑚物种并不采取将卵或幼体广泛分散的繁殖策略[18]。

对珊瑚礁生物多样性的最新研究表明，加勒比海与太平洋的两个珊瑚礁系统，估计分化于3 400万年前。另外，加勒比海过去与现在的珊瑚礁的物种多样性似乎有很大不同，这说明历史上人类曾对海洋生物的物种多样性产生过深刻的影响，而高速发展的现代科学技术并不是影响多样性的唯一原因。杰克逊（Jackson J B C）对此做了如下论述：

“加勒比海沿岸的生态系统早在生态学者开始研究之前就已经发生了急剧的衰退。截至1800年，在加勒比海中部和北部绿海龟、玳瑁、海牛以及现今已灭绝的加勒比僧海豹等大型脊椎动物被大量屠杀；至1890年，这一状况蔓延至整个加勒比海。在人口只有现在1/5的19世纪中叶，珊瑚礁附近的鱼类只有小部分作为水产资源被利用，但是后来由于滥捕，藻食性与肉食性的大型鱼类减少，到20世纪50年代，小型鱼类和海胆等成为生态系统的主要物种。现今对珊瑚礁附近的小型动物的研究，如同在坦桑尼亚塞伦盖蒂国家公园只研究白蚁与蝗虫，漏掉大象和角马一样。”[19]

由于珊瑚礁区域复杂的物理构造，围绕栖息地的竞争以及捕食-被捕食关系有很大变化。藻食性鱼类的个体数与多样性非常重要，因为它们以覆盖于珊瑚礁上、阻碍珊瑚生长的大型藻类为食，从而有助于珊瑚幼体的附着和生长。

珊瑚礁生物多样性的维持，与其说是得益于稳定的环境，不如说是由于波浪对礁石的破坏、肉食性鱼类及无脊椎动物的侵扰等断断续续的中等规模的自然扰乱作用[20]。学者注意到，珊瑚礁区域的鱼种构成并不稳定，发生扰乱作用之后，鱼群未必返回原先的栖息地。根据这一现象，有学者推测，较多的移入机会是珊瑚礁物种多样性较高的原因。也有观点认为，除与中等规模的扰乱有关以外，珊瑚礁的物种多样性也与营养盐有关。因为人们发现，在多样性最高的珊瑚礁区域，水质透明度最高，营养盐最少[21]。

珊瑚礁生态系统的关键种当然是建造其立体结构的珊瑚，但人们还不清楚其他种的具体作用。例如，作为加勒比海关键种的刺冠海胆由于疾病而大范围死亡，作为其食物的藻类大量繁殖，对珊瑚造成了危害，但并未发生如预想那样的生态系统的崩溃。这是由于幸存的刺冠海胆维持的种群数量，依然能发挥关键种的作用，也说明了珊瑚礁群体构造的复杂性以及确定变化结果的困难性。太平洋珊瑚礁生态系统的关键种是长棘海星，它们大范围摄食珊瑚，严重危害了珊瑚礁的生物多样性。长棘海星消失后，因受害程度及所受

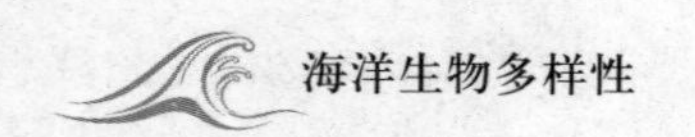

到的慢性环境压力的不同，珊瑚礁的恢复速度也不同。目前尚不清楚长棘海星大量繁殖的原因是自然因素还是环境污染，相关争议仍在继续[22]。

在光照减少到珊瑚生长的临界深度之前，珊瑚礁的物种多样性随深度的增加而提高。在浅水的光照较好之处，围绕栖息地的种间竞争激烈，弱势种遭淘汰。海面附近的高水温与紫外线也是抑制珊瑚生长的重要因素。

在漫长的地质年代中，珊瑚礁生态系统获得了对环境变化的适应力与恢复能力。但这种能力是建立在珊瑚生长变异的能力与自然环境变迁速度相一致的基础上。但现在人类活动快速改变着环境，超出了珊瑚的适应能力。珊瑚及虫黄藻的生长要求海水寡营养和高透明度。珊瑚礁附近营养盐的增加促进了微藻的生长，导致珊瑚得到的光照减弱，虫黄藻的光合作用也随之减弱[24]。

美丽的珊瑚礁所吸引的游客也引发了诸多问题，包括营养盐的增加、污染加剧、游船下锚、潜水员技术不足，以及游客采集珊瑚、在珊瑚礁上行走等都造成珊瑚的破坏。

最近几年，人类逐渐认识到地球温室效应也导致了许多珊瑚礁生态系统濒临崩溃。珊瑚栖息的适宜温度范围较窄（18℃～29℃），而许多珊瑚礁处于其可忍耐温度的上限或接近上限的环境中。因此，如果温室效应导致水温稍有上升，即使不是全球性的，白化现象也会在相关水域蔓延。地球温室效应引起的另一问题是珊瑚的向上生长速度能否追上海平面的上升速度。另外，关于珊瑚及其他生物发生病害的报告也在增加，尚不清楚这与地球温室效应或污染等人为因素是否有关。

四、沿岸底栖生物

沿岸的海底是宽广、平缓、往深处倾斜的大陆架，水深在10～200米。大陆架的宽广程度在各地差别很大。富于变化的大陆架分布着许多底栖生物。

这里通常为软泥底质，在有些地方岩石也可从软泥底质中露出。总体来说大陆架的海水透明度不高，因为江河与海底的有机物及沉积物被运送到大陆架附近。这里的水体通常富营养化，浮游植物生产力非常高。来自陆地上的沉积物在大陆架区域的海水中呈扇形分布，最终形成覆盖部分大陆架的底质。在清澈的浅海，虽然光线充足，但泥底质不适于底栖海藻类附着生长。当然也有例外，有的大陆架海水透明度很高。在巴哈马海域，直到水深250米附近都有海藻分布。在大陆架海域主要的初级生产者是浮游植物。由于大陆架海域较浅，海水容易被海流与风所搅动，营养盐丰富，浮游植物广泛分布于海水各深度。

在亚寒带大陆架水深100米左右的巨藻海底森林值得人们关注，如前所述，这里的海獭是岩礁的关键种。海底森林维持了众多动植物的物种多样性。海底森林生态系统富于变化，这里有长短不同的巨藻，叶片或岩礁上生息着无脊椎动物及鱼类等。

加利福尼亚的海底森林中有数百种海洋生物栖息，但在人类未开发海洋前，这里的生物资源应该更为丰富，而我们现在所能见到的可能只是幸存的种类而已。

对热带区域底栖生物群落的研究表明，这里的生态系统中存在不少相对重复的小生境，未特化的广适应种也并不罕见，这说明断断续续的中等规模的干扰是影响物种多样性的重要因素。但是中等规模的干扰作用并非决定性的，生态系统并未持续演替到竞争弱势种全部被淘汰的状态。飓风、旋风及厄尔尼诺现象等的扰乱因海水深度而效果不同，但都可改变底栖生物群落的组成[25]。

美国东北部大西洋大陆架是世界上调查最深入的区域之一，然而在底栖生物群落中，仅记录了500～600种生物，且优势种明显。众多沿岸城市的污染和渔业活动的扰乱作用是物种多样性降低的原因。人类活动造成的环境压力的影响在纽约等大都市存在的纽约州近海的底栖生物相（biota）中得到了印证[26]。

现如今，人类活动已经成为主导大陆架海域生物多样性的重要因素。小型渔船即使周期性在鱼类密度高的地方作业，也不会对生物多样性产生太大负面影响；而大型渔船作业可导致鱼类资源减少，海底生境也屡遭大范围破坏。入海的主要河流富营养化，底质中混入有毒物质等，造成频繁的剧烈干扰。石油开采造成的污染也与其他因素一样，威胁到海底生物多样性的稳定。

在一些大陆架附近，底栖生物的种群密度曾经高得惊人。据报告，在清澈的浅海比目鱼曾多得相互重叠。在阿拉斯加、不列颠哥伦比亚、美国东北部近海、纽芬兰岛、黄海、东海等大陆架附近的世界主要渔场，人类用底拖网捕捞海底及其附近分布的水产动物。

在纽芬兰岛近海的大浅滩及美国东北近海的乔治浅滩等著名渔场，人们捕获了数量超乎想象的鳕鱼、比目鱼及鳐鱼等。这些鱼类在底栖区与漂泳区之间移动，在两处都发挥了极其重要的生态作用。但如今，许多生态系统中的大型鱼类已消失，生境逐渐为小型动物所占据，与过去相比生物特征已有很大不同。在当前状态下，我们即使恢复大型鱼类的数量，生态系统能否恢复也难下定论[27]。

五、沿岸海域的漂泳生物

海岸及大陆架延伸海域是海洋生态系统中生产力最高的地方。这里的海域，特别是在中纬度到高纬度区域，由于上升流、波浪、陆上淡水的流入及水温的季节变化而极具特色。这些因素带来了丰富的营养盐，光照与营养盐使浮游植物大量繁殖，浮游植物被体形较小的桡足类及甲壳类的幼体所摄食，而这些小型动物又被水母和樽海鞘等大型浮游动物所捕食。有机物进一步从小鱼、乌贼向大型鱼乃至鲸类等营养级高的方向移动。沙丁鱼、鲱鱼等的种群密度高，成为大型肉食鱼及海鸟的饵料。这是高生产力海域的特征。

中、高纬度沿岸生态系统是季节性变化的，这与当地的渔业繁荣紧密相关。冬季太阳位置较低，光线难以到达海水深处，因此浮游植物的生产力较低，海水中留存下大量的营养盐。到了春季，风将海水混合，营养盐从底层被卷起，江河中融化的大量雪水也带来了营养盐。上升流也因春季的到来而增强。随着太阳位置的升高，营养盐丰富的海水中光照增强，浮游植物大量繁殖，浮游动物也随之大量繁殖，这种现象在食物链中进一步延续。

饵料生物的生产力随时间与地点发生变化，作为营养级上层的捕食者的某些鱼类通过洄游追寻饵料生物。通常在中高纬度海域，漂泳生物的种群密度高而物种多样性较低。生产力与物种多样性之间存在“瘤状关系”：条件适宜时两者都会升高；生产力超过一定值后，物种多样性下降[28]。

海洋哺乳类曾是决定沿岸漂泳区鱼类现存量的重要捕食者，但由于人类在18世纪至19世纪的捕杀和20世纪的捕鲸活动，海洋哺乳类个体数锐减。直到今天，捕鲸活动仍在小规模进行。有观点认为，海洋哺乳类已无法在生态系统中发挥重要作用了。由于它们捕食鱼类，渔业者对此不满，这也是事实。人类必须控制捕捞活动，确保海洋哺乳类有足够的食物，以避免海豹和海象等饿死与繁殖力下降。漂泳区中的另一类高级消费者是海鸟，它们以小型鱼类为食，很少与渔业竞争。然而，由于长期以来人类的捕杀，有些海鸟已经灭绝，现存许多种的个体数也已锐减。

沿岸漂泳区生态系统是边界模糊的大型生态系统。其边界是由时间间隔不定的潮汐或海流等物理因素或海底地形所决定的。在这些海域中，我们能长期观察到与环境相关的特定的生物群落，通过这些群落的分布可推测生态系统的大致范围。例如，在美国东北部沿岸的缅因湾、近海的乔治浅滩和大西洋中央浅滩中，颇具特点的浮游动物种群已存续了几十年[29]。

在热带地区的河口及珊瑚礁区域生产力较高，为当地人提供重要的水产品。与极地或温带海域相比，这里大陆架附近的海水营养盐较少，且无季节性变动。太阳光能透过清澈的海水照射到较深处，浮游植物能分布到较深处，虽然物种多样性高，但是生物量较少。浮游植物以外的物种多样性也比极地和温带区域的高，但种群密度较低。

第4章 大洋生态系统

管虫和热液喷口邮票

（特克斯和凯科斯群岛，1997）

沿岸生态系统虽面积有限但富于变化，因其物理、化学、生物因素及与人类活动的相互作用而极具特色。虽然人类活动的影响已波及大洋区域，但对于巨大的大洋生态系统而言，其主要特点表现为大气与海水的物质运输与循环及其与生物群落间更大规模的相互作用。漂泳区及底栖区的生物受到全球范围各种动态的影响。底栖区曾被认为像沙漠般荒芜，但如今发现其物种多样性之高令人难以置信。漂泳区的物种多样性可能没有底栖区那么高，但较高分类阶元的多样性引人关注。

在大陆架与大陆斜面相连的陡坡部分，较强的表层海流与上升流的共同作用将沿岸区域与大洋区域的生物群落分离开。因年份与季节不同，海流的位置与流度会发生变化，沿岸和大洋两个区域的分布可能重合。因此，即使不是一个生态系统，海流也可作为媒介起到联系沿岸区域与大洋区域的重要作用。

黑潮、湾流等在大洋西侧沿大陆架流动的洋流是最强的海流。此外，海面上的风生海流受赤道东风与沿中纬度的西风的影响，再加上因地球自转产生的“科里奥利力”的影响，被推向大洋的西侧，在北半球向右偏转，在南半球向左偏转，穿过大洋，碰到大陆西岸时进一步转向，沿大陆架流动在（在北半球向南，在南半球向北）。没有偏转、环绕地球的只有在南极大陆周围和中纬度各大洲之间流过的南极绕极流。太平洋和大西洋的海流按顺时针或逆时针方向进行大规模的循环流动。在一年中西边界流可发生流动模式与位置的较小改变，呈蛇形流动，这种蛇形流动产生富含营养盐的小涡流与上升流，海流一侧海水可流入另一侧。通过与周边水域的水温比较，很容易判别被切分的富含营养盐的水体[1]。

一、大洋漂泳生物

大洋漂泳区生态系统的空间占整个海洋的90%以上，但与沿岸相比，我们对大洋中生物的分布、生态与多样性都知之甚少。在这一巨大空间中，海流、光照、水温、密度、溶解氧等因素急剧变化，形成模糊的物理边界线，在水平与垂直方向划分出环境特征不同的若干分区。

大洋的生物群落主要由浮游生物与游泳动物组成。进行光合作用的浮游生物中除了硅藻和涡鞭毛藻等微藻之外，还包括原绿藻和蓝藻等若干更小的微型生物。它们的细胞中含有可进行光合作用的色素体，只能在太阳光所及的200米以浅的海水中生活。浮游动物包括从单细胞的原生动物到随海流移动的水母等大型无脊椎动物，形态极富变化。甲壳动物类由若干个分类群组成，其中的桡足类常常成为优势种。浮游动物中既包括长大后成为游泳动物或底栖动物的动物幼体（暂时性浮游生物），也有一生都以浮游形式生活的动物（永久性浮游生物）。深海底栖生物的浮游幼体常见于中层和渐深层，也有的分布到表层及上升到水面附近，或被海流从沿岸带到大洋[2]。

在大洋漂泳区生态系统中，分布着与陆地或沿岸区域生物迥然不同的生物，它们具有神秘感和梦幻般的外形，包括身体呈胶状的水母及栉水母、某些翼足类和毛颚类、棘尾虫类和樽海鞘等广分布种类。棘尾虫类的胶质外皮能过滤海水获取饵料，通过棘毛划水缓慢移动。樽海鞘单体生活或者彼此以胶状锁连接成一条长长的连锁体，各单体通过过滤海水以摄食浮游生物。这些胶质浮游生物较少分布在海面附近，其大小各不相同，随饵料量的变化而变，某些种的连锁体可长达20米。

在黏度与密度较高的海水中，重力的影响较小。胶质浮游生物通过增大体形提高含水量，体液中含有氯化铵，形成与海水相同的张力与密度，借此浮游。水母等利用惯性阻力浮在水中，形态各异。

大洋中还存在可以发磷光的有趣的生物。在陆上的发光生物中，萤火虫最为人所熟知。海洋中许多漂泳生物也能发光，如表层附近的浮游植物、胶质浮游生物（如火体虫科），以及体表排列着精妙发光器的深海鱼类。另外在弱光层中有些鱼类侧面可反射光，底侧具有发光器，它们可以通过反射光或发光进行隐身，从而避免被从下方攻击的捕食者发现。

海洋生物各主要分类群中广泛分布着能从海水中过滤饵料的滤食动物，从体形较小的桡足类到巨大的须鲸。为了滤食从微藻到个体较大的磷虾等饵料生物，它们形成了变化多样、结构独特的过滤器。滤食性对于饵料较小的大洋漂泳生物是非常合理的摄食方式。沙丁鱼、鲸鲨、蝠鲼都是滤食者。但鱼类仍以捕食性居多。金枪鱼和鲣鱼等肉食性鱼类具有长距离快速游动和大范围搜寻饵料生物的能力，从而适应饵料较少的大洋环境。疏棘鮟鱇等深海性鱼类具有能发光的“诱饵”，借此引诱饵料生物。

深海生物中既有广为人知的巨型鱿鱼和巨口鲨等，也有许多种类连标本都没有采集到，甚至未能观察到其在海中游动的姿态。一些种类虽在大洋中分布广泛，但种群密度非常小。人们几乎未对大洋深处的种群进行遗传学评估，其遗传多样性与生态重要性不得而知。近缘种陆续被发现。为确定大洋漂泳区中到底存在多少近缘种和单系群，遗传学研究必不可少。相较大型动物，小型浮游生物对大洋生态系统的重要性更高，但其系统分类与分布模式尚在研究中[3]。

虽然在海洋中的任何深度都可发现细菌与病毒，但是我们对于海洋微型生物的构成了解甚少。原绿藻、蓝藻与真核微藻类，不仅在海洋，在整个地球也是重要的初级生产者。它们在大洋区域太阳光能达到的水深100米处呈高密度分布。浮游植物（微藻）的总生物量仅为陆地植物的0.2%，但其总光合作用速率几乎与陆地植物一样大。这是因为单细胞微藻的细胞能高效吸收营养盐，并在短时间内快速分裂增殖[4]。

大洋区域具有共同的生产方式。虽然各区域的生态系统类型不同，其中分布的物种及物种构成的食物网也不同，但几乎所有的生物都是以仅占海洋总容积5%的真光层中生产的有机物为能量来源的。海面与真光层中的微生物与浮游植物的光合作用吸收二氧化碳和营养盐，产生有机物。微型生物被诸如原生动物的小型浮游动物所摄食，较大的浮游植物被桡足类等浮游动物摄食，而浮游动物进一步成为营养级较高的鱼类的饵料。浮游生物及鱼的遗骸和粪便在下沉过程中被细菌及原生生物所分解，营养盐与二氧化碳被释放回海洋环境。最终到达深海的遗骸等被栖息于此的底栖生物所摄食。贝壳和有孔虫的遗骸及珊瑚砂等，因富含碳酸盐类而难以分解，堆积于深海海底，从而将碳元素长期保留于此。表层生物生产和中、深层有机物的分解与再生，将大气中的二氧化碳送入深海海底的过程被称为“生物泵”[5]。

对漂泳区物种多样性的研究，多是关于浮游动物的研究，而关于生物群落整体的研究较少。迄今，多是对鱼类、浮游动物或浮游植物其中若干个分类群进行研究，据此进一步推测生态系统整体的生物多样性。最能反映群落整体生物多样性的理想指示生物应该是在整个生态系统中广泛分布的分类群和功能群，因此，浮游动物被认为是理想的指示生物。

漂泳生物群落的垂直及水平分布模式，分别受到不同过程的控制[6]。

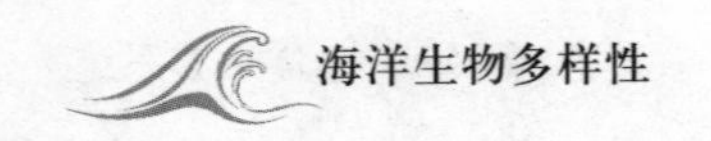

1. 垂直分布

浮游生物生成的氨基酸、蛋白质、脂肪酸及其他有机物随氧气气泡一同在与空气接触的海面上形成厚约50微米的微表层。海面微表层与其下海水的物理、化学、生物特性不同。微表层在平静的大海上形成光滑的一层漂浮于海面的覆膜。在大洋，微表层有时呈长条状，或覆盖大范围的海面，即使有时被巨浪所搅乱，风平浪静时又迅速形成。海面微表层对决定地球气候的大气与海水间的气体交换有重大影响。

涵盖了微表层的海洋表面层是富于生命的地方，其中的有机分子及其所含有的营养盐是各种细菌、真菌、微藻及原生动物等的理想营养源。该层分布的微藻多具有鞭毛且体形非常小，另外硅藻及蓝藻是常见种。它们的生命活动进一步增加了海面微表层中所含的有机物。在表面层也常分布摄食微型生物的小型浮游动物、鱼卵及无脊椎动物的幼体，甚至在大浪袭来时，这些卵和幼体也不会冲走。有些种只能在表面层中找到，而有些物种可能仅在此度过其生活史的某一阶段[7]。

表面层海水中叶绿素的含量是下层的几倍，这是由于这里的阳光充沛，聚集了密度极高的微藻及光合微生物。光合作用降低了表面层中二氧化碳的含量，促进了大气中二氧化碳溶入海水[8]。

如前所述，大洋中几乎所有的食物链都依存于真光层所进行的光合作用。微藻与光合微生物是食物链的基础，海水表层生物的作用最终影响到海底。

生物及其遗骸、粪块、被细菌所覆盖的细屑等宛如海洋中飘落的雪花，在海洋中缓慢下落，被称为海雪。它们在下落途中或被动物摄食或被细菌分解而逐渐减少。残存的有机物到达并堆积于海底，支撑了种群密度不高、但物种多样性极高的底栖生物群落。各个物种分布于不同深度，垂直分布与它们的生理特点及摄食习性有很大关系。

大洋最重要的物理特点是暖而轻的混合层海水覆盖在冷而重的下层海水之上，形成层状结构。混合层中的海水经常混合，其深度因海上风力的强弱可达40 ~ 100米，甚至更深。混合层与其下较冷海水的交界处称为“温跃层”，是温度和密度急剧变化的水层。温跃层虽然妨碍了混合层和下层海水的交换，但是并不能完全阻碍生物的通过与营养盐的扩散。混合层营养盐缺乏，海水密度变化引起沉降速度下降，因此浮游植物常聚集于温跃层的正上方。温度及光照等物理因素随海水深度而变化，浮游植物的垂直分布受透光量的影响很大。然而，极地区域冬季光强较弱，冷却的表层水下沉与深层海水相混合，导致物种的垂直分布规律并不明显[9]。

在较稳定的混合层中，喜光的浮游植物分布于上层，不喜光的分布于下层。某些物种可通过细胞的生理变化改变其受到的浮力，从而上下做小范围移动，提高了它们获取营养盐的机会。甲藻与硅藻就具有上浮到光照充足的表层与下降到营养盐丰富的深层的能力。甲藻通过鞭毛运动，硅藻则通过改变浮力进行移动[10]。

浮游动物在不同深度也呈现明显的垂直分布，分布得越深其分布范围有扩大的趋势。另外，浮游动物的垂直分布也受到光照强度及作为其饵料的浮游植物分布的影响。浮游生物与微型游泳生物的物种多样性随水深的增加而提高，有些分类群的物种多样性在水深1 000～1 500米处趋于最大。水深进一步增大，物种数转而减少，但在海底边界层又因底栖生物的出现，物种多样性又有所增加。

鱼类的平均大小随水深的增加而变小。虽然种群密度也随之降低，但是在海底边界层附近，这一趋势发生变化。细菌在海洋的任何深度都呈层状分布，我们尚不清楚种的分布情况。最近，对大西洋中层细菌的遗传学研究发现，微生物存在普遍的遗传变异。中层的细菌能够分解沉降下来的粪便及较大的有机物团块，将其转化为微小颗粒，使之难以沉降[11]。

许多动物适应每日光照强度的变化，进行昼夜垂直移动，因此，浮游动物具有复杂的垂直分布模式。许多物种在夜间上升至表层，到白天又沉降下去。有些物种一天内的垂直移动距离可达数百米。它们垂直移动可能是为了获取更多的饵料，也可能是为了躲避捕食者而寻找隐蔽的地方。垂直移动抑或与其生长及发育的阶段有关。例如，南极磷虾的成体虽分布在海面附近，但其卵是沉性卵，能沉入水深1 000米处，幼体在中层或渐深层孵化并上升到表层。这种与个体发育相关的垂直移动也与海水的循环模式相关，南极磷虾在发育过程中得以停留在饵料生物最丰富的深度[12]。

鱼类也有清晰的垂直分布模式。表层是黑鲔鱼、剑鱼、鲨鱼等体形大、游速快的肉食性鱼类的领地。这些鱼类在大洋与沿岸区域之间洄游，捕食小型鱼类、乌贼和较大的浮游生物。它们零星分布，其生物量相对辽阔的海洋并不大，但却是重要的渔业资源。灯笼鱼等小型漂泳性鱼类在中层的种群密度较高。它们做昼夜垂直移动，在夜间多从中层向表层附近移动。它们通过内含发光细菌的发光器发光，相对其体形具特别大的眼睛，这或许是为了在光线极弱的环境中捕捉饵料并与同伴保持联络。渐深层是体形较小但具有奇妙外形的深海鱼的领地，它们多具有体色黑、颌大、眼小、肌肉组织较弱的共同特征。

疏棘鮟鱇可利用发光“诱饵”来引诱饵料生物，长鳍鮟鱇的身体上排列着能感知猎物活动的精妙器官等。这些鱼活动较少，以相对较大的动物为食。漂泳性鱼类的物种多样性在渐深层水深1 000～1 500米处达到最高，再往深处则降低。据推测，渐深层鱼类有1 000种左右，但实际可能远多于此[13]。

乌贼在海洋的所有深度都有分布，是高营养级肉食性动物的重要饵料。乌贼有数百种，多半体形较小，但分布于中层至渐深层的大王乌贼体长可达20米。大王乌贼经常成为深海故事中的主角。它们的事迹包括在下潜至水深3 000米索饵的抹香鲸身体上留下吸盘的痕迹，或在抹香鲸的胃中被发现，但人们尚未采集到在如此深度下的活的个体。

2. 水平分布

在大洋中的许多海域，浮游生物的物种多样性与沿岸浮游生物的相同或更高，但漂泳区整体的物种多样性比底栖区及陆上生物低许多，这是由于漂泳区海域之间的栖息环境相似，浮游生物较易扩展其分布，而漂泳区的生物主要为微藻且物种多样性较低。其实人们对漂泳区这些生物的多样性认知仍然较少。

在理化因素相对稳定的低纬度海域，物种多样性较高，但它与生产力的关系并不明显，有时甚至呈负相关。浮游生物的物种多样性在北纬20°附近最高，往赤道方向稍有降低，而往北则大幅下降。南极海域的物种多样性比北冰洋的高。这种物种多样性随纬度变化的规律适用于所有深度的浮游植物与浮游动物[14]。

在界定漂泳区生态系统轮廓的主要表层海流及深海中分布着许多鱼类，但大洋区域的物种数比沿岸区域的少，种群密度也较小。在已知的鱼类中，约50%为沿岸性，12%为深海性，大洋表层的仅占1%，其他的是淡水鱼类。

当然，在所有海洋环境中都分布着相当数量的未知鱼类。漂泳性鱼类的物种多样性并不低，但其分布范围广，因此整个分布区域中，单位体积的物种多样性较低。与之相对，底栖性鱼类的分布多为局域性，因此，在其分布区域中，单位体积的物种多样性较高[15]。

有些鱼类随海流可分布到距其出生地遥远的地方，但其中有无法适应当地环境的无效分布。比如夏季随对马暖流漂流到日本海沿岸的刺鲀的幼鱼，以及随黑潮从温暖的南方海域来到本州太平洋沿岸浅滩处的双斑光鳃鱼等就是实例，它们难以在北方度过水温较低的冬季。海流中的物种多样性通常较高，长期调查的结果显示，这并非源自海流的特性，而是反映了其上游海域物种多样性的特点。许多物种借助海流，洄游到适宜索饵或繁殖的地方，也有些是偶然被卷入环流或涡流中的。它们到达不同的生态系统，或短时间内大量繁殖而成为当地生物群落中的优势种，或难以适应而灭绝。另外，某些洄游鱼类，如鲑科鱼类或鳗鱼，能够穿越海洋与江河的界限，分别在大洋中、河口或江河中度过其生活史的某一阶段[16]。

3. 主要的环流

漂泳区生物群落的水平分布可达数千千米。在太平洋及大西洋等大洋生态系统中，因风与地球自转产生的偏向力形成了稳定的环流，成为清晰的物理及生物分界。人们了解最多的是北大西洋中央环流、北太平洋中央环流以及亚寒带环流。除此之外，北大西洋中也有亚寒带环流，南大西洋与印度洋及太平洋中也有若干边界不清晰的环流。这些环流中的生物相颇具特点。各种类型的浮游动物、浮游植物，乃至细菌的分布模式都与大规模环流相一致。海流不仅在水平方向划分了浮游生物分布的边界，其物理要素在垂直方向的变化也促使浮游生物呈层状分布。

北大西洋环流流经包含了马尾藻海在内的巨大范围。马尾藻海因漂浮于此的马尾藻类较多而得名。在这些金褐色的海藻周围能见到具有独特拟态现象的鱼类、甲壳类、软体动物等组成的生物群落。这种由多样的物种所组成的富于变化的生物群落与大洋环境中常见的种间关系松散的生物群落有显著不同。

无论在大西洋还是太平洋，中央环流在北半球顺时针、在南半球逆时针流动。这里的海流因海水受热蒸发，导致密度较大的海水浮于表层，并在环流的中央部下沉。通常在一年中，水深100米以上的混合层部分较稳定，营养盐较少，物种多样性较高。表层从深海缓慢而稳定地获得营养盐补给，但人们对此过程知之甚少。浮游植物的生产力比人们预计的高，但增殖的浮游植物却被浮游动物的摄食抵消。浮游植物在贫营养海域较少，因此，太阳光能照射到深处。海水的透明度高，浮游植物的种类构成随光照强度梯度发生明显变化。细菌、浮游植物、浮游动物等物种数较多的表层生物群落可有效利用水深40~100米的混合层中再生的营养盐。有学者曾认为表层90%以上的生物生产量是这样产生的，后来发现表层生物能利用大气及上升流所补给的营养盐，也创造了相当生产量。这些事实支持了在中等程度的营养盐供给下海洋生物的生产力维持在最高水平的理论[17]。

表层浮游植物群落包含两个较稳定的组成部分：一部分由近250种组成，位于营养盐较少的表层上部；另一部分物种数相当少，位于营养盐丰富但光照不足的表层下部。这两部分的物种均衡性均较低，20种左右的生物个体数可占全部生物个体数的90%。上部浮游植物的物种多样性由浮游动物的摄食所决定，而下部则由种间竞争所维持[18]。

浮游生物中包含许多极小的单细胞生物。例如，在北太平洋西部亚寒带区域中，绿枝藻含有的叶绿素占全部叶绿素的近40%，在东北部，海洋球石藻纲（Prymnesiophyceae）、浮生藻纲（Pelagophyceane）、绿枝藻等占到45%~90%。这些用光学显微镜难以进行准确分类的小型浮游植物对海洋物质循环发挥了非常重要的作用，对它们物种构成的调查对于理解基础生产力与生物泵的效率是必不可少的。

浮游动物的分布随着饵料生物的垂直分布而变化。在前述两部分浮游植物较多的水深处，植食性浮游动物较多，其下方是肉食性浮游动物，海底附近碎屑食性摄食的（detritus feeding）占优势。浮游动物中个体数、物种数及现存量均占优势的桡足类具有这种典型的分布模式。在中层与渐深层中分布的桡足类有许多因摄食而垂直移动到表层。另外，以浮游动物为饵料的鱼类对不同深度浮游动物的构成有重要的影响[20]。

在赤道附近太平洋东部，营养盐丰富的海域形成了非环流的独特水体。这些海域包括热带海域生产力最高的哥斯达黎加圆突区、巴拿马湾、特万特佩克湾等上升流区域。另外，富含营养盐的秘鲁寒流从东南方向流入。这些海域营养盐的来源多样，供给的时间与规模也各不相同，生态系统虽不稳定但生产力高，具有中等程度的物种多样性。

太平洋和大西洋的亚寒带环流是逆时针方向的，在这些海域中存在大量的深层海水涌升，海况与生物生产因季节而大幅变动。这些海域生产力很高，但浮游生物的物种多样性较低。有学者认为，如果铁等微量元素充足，太平洋亚寒带区域的基础生产量会更高。也有观点认为浮游植物在增殖达到顶峰前就已被浮游动物所摄食，即生物间的相互作用限制了初级生产力。在太平洋的大部分海域，冬季混合层局限于较浅的水域，小型浮游植物停留于此并增殖。大型浮游植物随春季水温升高与光照增强而大量增殖，为浮游动物提供了更多饵料。

然而，在大西洋亚寒带区域，冬季混合层可深达海底附近，浮游植物被带到深海，因无法进行光合作用而停止生产。春末，海水温度升高，形成多个水层，浮游植物急剧增殖，超过浮游动物摄食的速度，产生的食物残渣沉入深海。太平洋中的大部分初级生产者在表层附近被捕食，维持了营养级较高的多种漂泳性鱼类的生存。在大西洋，浮游植物的沉降维持了许多底栖鱼类的生存。在太平洋与大西洋的亚寒带环流流经的生态系统中生产力相近，维持了各自的物种多样性，但两者又大不相同[21]。

4. 海流、上升流、环流、涡流

在世界大洋的东侧，主要的沿岸上升流支撑了活跃的渔业生产。大陆边缘的东风将上升流区域表层水送到远海；作为补充，富含营养盐的深层水涌升到表层。风平浪静后海水形成清晰的分层，浮游植物停留在真光层，群落中较易获取营养盐的少数物种快速增殖。这里的高生产力是上升流供给的深层海水与反复的分层效应形成的。浮游植物生物量的增加促使浮游动物增殖，从而支撑了鱼类的高生产力。食物链短而简单的状态如果扩展到整个大陆架，就可预期渔业的好收成。从大洋吹来的强风也会促进大洋区域对沿岸区域生物产生的影响。在河流流入或受上升流影响的水域，鱼类的物种多样性较低，其代表种是具有庞大个体数的沙丁鱼群。本格拉寒流和加纳利寒流等主要上升流分别沿非洲的西南部与西北部水域流动，支撑了当地的沙丁鱼渔业。秘鲁寒流的上升流流经区域有著名的鳀鱼渔业。加利福尼亚寒流上升流流经区域盛产鳀鱼、鲐鱼、鲱鱼、沙丁鱼。对加利福尼亚海流流经区域海洋数据的分析结果清晰反映了近数十年来，随着温室效应的加剧，海水表面水温不断升高，浮游动物的生物量呈减少趋势。原因是该地区受宏观气候变化的影响，表面水温上升，陆地吹来的风力减弱，弱化了深层水的涌升，从而降低了生物生产[22]。

在大洋东侧沿岸上升流流经区域以外的地方，也常可见到明显的沿大陆的海水涌升现象，且这一上升流的变化带来的影响易于预测。最著名的是加拿大新斯科舍沿岸与西班牙西海岸夏季周期性的上升流。新斯科舍沿岸的上升流从大陆架延伸至大洋，支持了曾是世界最大渔场的纽芬兰大浅滩（Grand Banks）的生物生产。西班牙西海岸附近的深层水从大陆架及沿岸海湾附近涌升上来，这里巨大的自然生产力支撑了伊比利亚半岛繁荣的贻贝与牡蛎养殖业。

与上升流一样，环流与涡流也可将许多物种运送到新的海域，扩展了它们的分布抑或是加速了它们的死亡。乌贼巧妙地“搭乘”海流进行移动。作为北美东岸重要渔业资源的枪乌贼，从加拿大到佛罗里达卡纳维拉尔角附近均有分布，但它们仅在佛罗里达海域产卵。幼体在那里“搭乘”湾流北上，可移动到纽芬兰海域浅滩处。成体从纽芬兰海域“搭乘”向北或向南的环流或涡流向其他地方扩展其分布，产卵时又返回南方沿岸流较弱的海域[23]。

二、海底边界层

海底密度较大的海水向上流动产生摩擦，形成与其上方海水性质不同又充分混合的海底边界层。该层的厚度经常变化，通常从海底往上可达几十米，其边界可通过与上层海水间明显的密度梯度判断，此处的物种多样性非常高。严格上讲，在边界层所分布的生物既不是漂泳性的，也不是底栖性的，而是兼具两者特征。有些物种为了繁殖、摄食或躲避捕食而迁移到这层，而有些则是到海底附近摄食的漂泳生物。生物群落通常以水母、浮游性的刺参幼体等胶质生物以及小型甲壳类为优势种，也包含若干底栖生物的卵和幼体，以及某些海星、海蛇尾（brittle star）、蟹类、鱼类等生活在海底坚硬基质、沉积物或漂流物上的底栖动物。有些生物是独自生活的，而海参、虾和鱼类往往集群生活[24]。

海底边界层中分布了1 000多种鱼类，由于许多种类很难捕获，即使用延绳钓也无法捕捉到，所以，实际的鱼类物种数应该更多。它们不断搜寻着从海水上层落下的大型动物遗骸或活体饵料生物。鲨鱼、鳐鱼、鳗鱼及鳕鱼等像底栖鱼类那样隐藏于海底伏击饵料生物，有时也可离开海底，为捕食猎物做好准备。它们比中层及渐深层中游弋的鱼类体形大且强壮。这里还有仅在海底边界层分布的鮟鱇。在深海平原乃至大陆斜面及海底火山附近的海底边界层中也分布着习性类似的鱼类。它们分布范围广，栖息地也不仅限于某个深度。

海底火山等山丘孤立存在，鱼类聚集在海洋山脉所形成的特有环境周围，红金眼鲷的近亲橘棘鲷（orange roughy）等就栖息于此。海底边界层中的鱼类也能够以海底山脉间的海流中的饵料为食。这里的鱼含肉较多，因此是拖网及延绳钓渔业最重要的捕捞对象。它们的典型特征是寿命长且产卵量不大，例如橘棘鲷成熟需要大约25年，寿命估计在150年以上，因此，与沿岸区域相比，渔业资源更易枯竭，且需要更长时间恢复。若以大量聚集产卵的鱼群为捕获目标，资源更难以恢复，给渔业造成了巨大压力。澳大利亚及新西兰是美国市场橘棘鲷的主要供应国，但由于滥捕，最近4年橘棘鲷资源已经枯竭，严重威胁其商业价值。

三、深海底栖生物

人们曾认为深海底栖区如沙漠般生命稀少，而现在却发现这里的物种多样性堪比热带雨林。

在深海，大陆架在海底的尽处是距离海岸不到100千米、水深达2 000米的大陆坡，在大陆与海洋地壳之间的边界附近覆盖着沉积物。大陆坡的地形在有些地方较平整，而在有些地方则为深海峡谷所阻断。某些地方时常发生滑坡，是降低物种数的不稳定因素。大陆坡底部倾斜度趋缓，在500千米范围内水深可达4 000米。与大陆坡相接的深海平原是大小各异的粒状有机物及无机物所形成的较软底质环境，水深可达6 000米。

深海中绝大多数区域的地形较平坦，但也存在坡度较大的海洋山脉。深海平原中的海水流动速度较慢，周期性的深海风暴搅动沉积物，并与大陆架的滑坡一同形成浊流，落入海底峡谷。在新斯科舍海域的大陆坡底等地，这种深海风暴与快速的海流形成巨大的能量，将海底扫清，以致露出坚硬的岩石表面。

大陆间横卧的深海平原被中央海岭所分割。火山口沿垂直分割的断层分布，喷出物形成新的地壳，海底从这里延展。大西洋、印度洋和南极海域的中央海岭大致位于大洋的中央，但太平洋的中央海岭位于东部水深2 500米处。在大陆与海洋地壳的边界线附近，地质活动较活跃，深海海沟将深海平原分割。海沟在海底延展甚至潜入大陆板块之下，该现象在太平洋比在大西洋更为明显。海底生物的特征与这些海底地形密切相关[27]。

深海底栖动物主要包括4类：① 在岩石或海底中自由移动的大型种；② 固着于坚硬的海底或潜藏于沉积物中的巨型底栖动物；③ 栖息于沉积物中的大型底栖动物和小型底栖动物；④ 包括原生动物与细菌在内的微型生物。在海底附近移动的是底栖动物和海底边界层中的鱼类。固着生活的物种包括海绵，以及一生绝大部分时间以水螅体着生于坚硬的底质上、只有很短的时间营浮游生活的水母，海鳃，深海珊瑚，海葵，海百合，深海蔓足类，海鞘，等等。

栖息于沉积物或岩石上的小型动物较多，其中，沙蚕、双壳类、单壳类、节肢动物、海胆、有孔虫等是常见种，它们各具独特的外形。

这些形态各异的生物的饵料也多种多样，但循着食物链其营养源几乎都可追溯到海洋表层的初级生产者，或者直接从表层获得营养。浮游植物与浮游动物的遗骸和粪便以海雪的形式均匀落下，这些有机碎片、团块在沉降过程中部分被分解，也有相当一部分到达海底，成为底栖生物非常重要的饵料。整个海洋中都可见到海雪的沉降，它的量因表层生产力而不同。鱼、乌贼、海洋哺乳类等大型动物的尸体沉入海底，为附近的底栖生物送上一道短暂的盛宴。

这种偶然美味的降落地点的不确定性也可影响底栖生物的物种多样性。鲸及其他海洋哺乳类的数量曾经较多，它们的遗体也曾是底栖生物重要的食物来源。对于那些随着动物遗体一同沉降并以其为食的“搭便车”型动物，即使在今天，大型动物的遗骸也为其提供了食物与栖息地[28]。

沉积物中的小型底栖生物提高了深海底栖生物的物种多样性，但直到最近人们才认识到其丰富程度。在美国东海岸水深1 500 ~ 2 500米的深海海底约21平方米的区域中，研究人员鉴定出属于14个门171个科的798种生物，其中460种是新种。在其周边所获取的200个样品中生物出现的比例几乎相同，共鉴定出1 597个种。通过这样的结果，学者推测在大西洋海底有100万 ~ 1 000万种生物，深海生物的物种多样性可与热带雨林相媲美[29]。

海底生物多样性经常成为学术刊物中讨论的焦点。物种多样性只能通过对有限面积的采样结果进行分析，推断出的结论有时相差甚远，原因在于以极少的采样结果来估测整个海底的物种数具有很大的局限性。也有观点认为海底的物种多样性较低，物种数仅有几千种。关于物种数的争论促进了对深海生态系统的研究，人们进行了诸多相关调查[30]。

最早科学家想象，海底几乎没有生命，黑暗而寒冷。人们根据水压高、水温低、饵料少等条件，推测能在这种环境中生存的只能是少数几种生物。早期的深海生物采集结果验证了这一推测。但是，当时的采集方法不完善，大部分生物在样品从海底到海面的运送途中就丢失了。20世纪60年代后期，采集技术得到改进，学者们第一次报告了北大西洋深海沉积物具有很高的物种多样性。报告指出虽然深海海底的生物量较低，但是多数物种的分布并不均匀，并推翻了此前的观点：物种多样性随深度增加而降低；深海海底环境均一、饵料较少，导致多样性较低。然而，我们尚不清楚深海海底的生物群落具体是如何广泛分布的[31]。

依据对太平洋、大西洋及极地海域的调查，人们确认了各个大洋底部都存在独特的生物群落，且物种多样性随纬度而变化。由于大陆造成的生殖隔离，各大洋底都分化出特有种。物种分布随深度发生变化是各大洋的共同特点，但对大陆架调查的最新数据显示，海底沉积物中也具有较高的物种多样性，这多少改变了迄今的一些观点。在大西洋大陆坡中部的水深1 500 ~ 2 000米处，物种多样性达到顶峰，太平洋中物种多样性的顶峰出现在更深一些的地方。深海平原往岸边方向，物种多样性下降，在海沟处进一步下降。大型生物多样性的顶峰与小型生物相比，出现在较浅处，这是因为在较深处大型物种的饵料较少[32]。

北大西洋是底栖生物研究开展最多的海域，但依据从北大西洋与北太平洋获取的资料推断，北太平洋的物种多样性高于北大西洋。北太平洋不同海域的物种分布的丰度并不一样，即使在相邻的海域，物种数也有较大变化，这与大陆坡沉积物的稳定性、海底海流与海水表层生产力的不同有关。北冰洋的物种多样性较低，这是北冰洋地质史较短、浅滩将其与其他大洋隔离、热水作用等因素的综合结果。

地中海、日本海、红海等边缘海也与附近大洋底相隔离，它们被浅滩所分割，阻碍了外部生物的侵入[33]。

漫长的地质年代、相对稳定的深海环境、大多数海洋相对较晚的形成时间、未发生巨大变动的环境等稳定性给予深海海底许多特化种足够的进化时间。例如在北冰洋等较年轻的海洋，物种多样性就比南极海域的低。底栖生物较高的物种多样性还可能源于在广阔的深海中生物较易扩散。在物理屏障较少、能进行自由移动的环境中，物种反复在广阔的范围中扩散，与同样进行扩散的许多别的物种共存，因此在小范围内物种多样性增大。

相对于这种时间稳定学说，也有观点认为适度的间隔与适度规模的生物干扰可使栖息地的环境复杂化，提高生物多样性。

例如，在生产力较低、大规模物理干扰较少的深海海底，某个生物挖掘巢穴，沉积物堆在周围并可长期留存。浮游生物的遗骸等小型有机物团块堆积于阴暗处或坑洼处，在局部形成新的生物群落。树木、鱼、鲸等大型物体下沉时形成小规模的地形变化，各种腐食性物种也被吸引到这里。甚至连沉入海底的一片大叶藻也能暂时成为某些生物群落的栖息地。但这样的栖息环境难以持久，这里的物种构成随时空而变化。这些小规模随机的干扰以生物作用为基

照片11　白瓜贝属的双壳贝类和蔓足类
冲绳海槽伊平屋海岭，水深1 400米（德国海洋研究开发机构提供）

础，增加了小生境的种类与数量，提高了物种多样性。

也有学者认为，深海海底常见的海参等物种的摄食活动能缓和作为其饵料生物的许多小型生物的种间竞争，从而提高了所在区域的物种多样性。

近年，在深海海底发现了偶然发生的海底风暴，引起流速达20厘米每秒的海流，可持续数日，将几厘米厚的沉积物从海底剥离，搅乱了海底边界层的海水。这样的涡流对深海海底的生物群落构成及多样性有相当大的影响[34]。

四、热液喷口处的生物群落

1977年，人们首次在科隆群岛海域水深2 500米处的热液喷口，发现了以管虫（tube worm）为代表的丰富而奇异的生物群落。热液喷口附近的生物群落是20世纪自然科学上的最大发现之一。热液喷口主要位于形成新地壳的中央海岭、海底扩张作用形成的裂缝处以及海洋地壳潜入大陆地壳处，这些都是板块活动活跃的地方。熔化的岩石与海水在此相遇并凝固成海底裂缝，冰凉的海水流入其中，在地壳下反应，转化为富含硫化物（如硫化氢）的气体以及富含矿物的热水喷涌而出。

热液根据喷出物的成分可分为“黑烟囱”和“白烟囱”。“黑烟囱”喷出高温而富含硫化物颗粒的热水，“白烟囱”喷出温水。热液喷口及其周边环境的特点是化学物质浓度及水温在极短的时间和距离内变动，温度梯度非常大。水温在仅仅几厘米之内可从300℃以上降至周边海水温度（2℃）。热液可连续10年喷出热水。

热液喷口分布并不连续，最短的间隔也在数百千米。这里的生物扩展其分布的方法令人兴趣盎然。

热液喷口的生物群落具有独特的食物链。食物链的能量来源不是植物光合作用产生的有机物，而是细菌利用热水中所含的硫化氢等化合物进行化能合成所生产的。能进行化能合成的细菌具有很高的生产力，支撑了生物群落的欣欣向荣。但这里的物种多样性较低，迄今在热液喷口附近共报告了500种左右，固有种也只有200多种，其中大多数属于热液喷口固有的科。虽然物种多样性较低，但热液喷口的生物群落令人印象深刻。利用共生于体内进行化能合成的细菌获取营养的巨型管虫及白瓜贝、以化能合成细菌为饵料的海底热液口蟹及大西洋中脊盲虾，以及捕食它们的绵鳚科的大型物种等的种群密度极高。海底热液口蟹的视网膜裸露在外，能感知热液喷口微弱的化学发光，这种能力使它们能在某个热液喷口停止活动时再发现其他新的热液喷口[35]。

热液喷口海水中溶解氧含量较低，源自硫化物与石油的碳水化合物及重金属等有毒物质浓度非常高。这里的环境与其他海底环境差异很大，因此生物群落中多为特有种。科学家发现，鲸的遗骸沉降到海底，成为化能自养微生物群落的隐蔽处，为热液喷口生物提供了栖息地，也可作为通往其他热液喷口的“踏脚石”，有观点认为这些遗骸对扩大热液喷口生物群落的分布发挥了重要作用[36]。

五、海底峡谷与海沟

海底峡谷与海沟中底栖生物的多样性低于其周围的深海平原及大陆坡。海底峡谷有着险峻的斜面，堆积物容易发生滑坡。除了这一不稳定因素之外，峡谷中还有速度很快的海流。这些作用将峡谷侧壁剥离，使岩石表面露出，因此这里的环境只对能固着于坚硬基质或隐藏于凹陷中的物种有利。海底峡谷的营养盐通常较丰富，虽然生态系统整体的物种数较少，但是漂泳生物的种类却很丰富。

海沟通常指水深6 000米以上的海底凹地。最深的马里亚纳海沟水深在11 000米以上。在这些险峻的斜面上，虽然可能发生滑坡，但并非整体性的滑坡，而海沟中海水的流速也没有海底峡谷的快。海沟中分布着特有的深海生物群落，但物种多样性较低，即使是更高分类阶元的多样性也很低。不同海沟生物群落的构成很相似，但有时也能发现特有种。

六、极地海洋

南极大陆周围海域与被大陆所包围的北冰洋是漂浮着坚硬冰块的特殊的漂泳区生态系统。纬度高、水温低与结冰是这两个生态系统的共同点，但在其他方面却差异巨大。北冰洋海面下是广阔的大陆架，而南极海域是围绕大陆的深海。江河季节性运来的营养盐，在北冰洋的大陆架区域混合。南极海域面积是北冰洋的2倍，具有更加稳定的环境，季节性的浮冰被风吹动，与大陆相连的固定浮冰形成冰架，海水在垂直方向剧烈混合，这种混合给南极海域带来了从陆地难以获得的营养盐。

近年的调查显示，南极海域缺乏铁元素，如能提高铁元素含量，可提高浮游植物的光合作用[37]。

当海冰存在时，透过冰层的光较弱。需要光的微藻等初级生产者分布于冰中或附着在冰的下侧，细菌、原生动物及几种浮游动物

（某些桡足类和磷虾类）也是如此。大洋中浮游植物可因海水混合供给的营养盐而突发性大量增殖，成为食物链的基础，维持了生物量巨大的软体动物、鱼、海鸟和哺乳动物的生存。海洋表面覆盖着冰层，海冰被风吹动，相对温暖的海水从深层上涌，在冰面上形成水路或名为冰间湖的海域。在此类海域生物多样性增加。冰间湖每年大致在同一地点形成，在这里营养盐随海水上涌，加上阳光较充足，因此生产力较高，是寻求丰富饵料的海鸟及哺乳类的聚集地。另外，冰层分布不均也提高了微小生物的物种多样性，但该因素的影响并不大[38]。

在北冰洋夏季短暂的融雪期，淡水从周围大陆的江河中流入，提供了丰富的营养盐。北冰洋边缘覆盖着时而结冰、时而融化的海冰，海冰的面积在冬、夏季仅有10%左右的差异。北冰洋边缘的大陆架较浅，与其他海域的海水交换较少，几乎处于隔绝状态。北极熊与海豹在海面冰层上搜寻食物，繁衍后代。这里有种类繁多的鱼类与海鸟。在南极海域，企鹅与海豹也以相同目的在冰层上活动，但这里的鱼类并不多。南极的磷虾与乌贼等无脊椎动物才是南极海域生物相的代表，成为数量庞大的海鸟及哺乳类的饵料。

两极海域的底栖生物也有巨大的差异。在南极，海冰包围着大陆的边缘，海冰面积在一年中可发生70%以上的变化，在冰融化时，其中的有机物、岩石及沙粒沉入海底，不均匀地在海底堆积。极地海域底栖生物的物种多样性较高。这里虽分布着许多固有种，但仅有几个门或相似类型的动物，因此生物比较单一。蟹、鲨鱼、底栖鱼类、多毛类、单壳类、大型双壳类等北冰洋常见种在南极海域并不存在[39]。

南极海域无脊椎动物的物种多样性大约是北冰洋的2倍，即使如此，也比低纬度海域低许多。极地海域由于温度低，有机物分解速度慢，营养盐再循环的速度也较慢，因而生产力不高，成为物种多样性较低的原因之一[40]。

极地海域鱼类生长缓慢、寿命长、成熟所需时间较长，因此在资源开发初期收获较大，但资源的再生比预想的慢，资源容易枯竭。在南极大陆周边水深2 000 ~ 3 000米处分布的南极小鳞犬牙鱼成熟需要6 ~ 9年，寿命在40 ~ 50年。20世纪70年代人们用延绳钓对其进行资源开发，仅经过10年左右，其资源量已大幅减少。

第5章
人类活动对生物多样性的威胁

鹦鹉螺邮票
（巴布亚新几内亚，1968）

保护生物多样性的理念在20世纪70年代被广泛接受，但对海洋生物多样性遭受威胁的关注始于20世纪90年代。看到陆地上生物多样性最高的热带雨林遭到严重破坏，普通百姓也能意识到生物多样性的重要性与脆弱性。但如果了解到海洋生态系统乃至整个地球生物多样性的现状，人们一定会更加不安。越来越多的物种被发现的同时，物种灭绝的速度也在加快。有人预测，今后的50~200年内，现存50%的物种将因人类活动而灭绝。

应该说，任何时候都有物种灭绝的发生，这也是伴随新物种诞生的自然现象。过去，灭绝的速度缓慢，与新物种形成的速度持平或者比新物种出现的速度更慢，因此整体上，从生命诞生起地球上的生物多样性在不断增加。其间曾发生过几次大规模灭绝，每100万年有25%~50%或更多的生物消失。最著名的是白垩纪末期包括恐龙在内的生物大灭绝。

自生命诞生以来，哪些物种能够存活、哪些物种灭绝，多是偶然的。每当环境发生物理、化学变化时，地球上的生命总会发生变化。

生物适应环境的变化需要时间，即原有种迁移或发生适应新环境的遗传变异所需的时间。环境发生变化时，原有物种为了生存，需要进行遗传变异，进而演化出新物种。新物种诞生需要几万年，而新的属或科的诞生需要几百万年，但人类快速的破坏已经不允许物种这样缓慢地演化了[1]。

过去发生大规模灭绝后，虽然不能迅速补偿新的物种，但是外来种的加入及新种的诞生不断发生。如今物种灭绝如果减缓之后，我们不知是否还能发生这样的补偿作用。总之人类引起的地球历史上第6次物种大规模灭绝，比前几次灭绝发生的地质时间跨度更短，而且还包括了海洋在内的所有的生态系统[2]。

海洋环境比陆地温和、稳定。大洋与深海环境的季节性变化或一年中的变化幅度特别小，如此理想的环境造就了物种的繁荣。也正因为如此，海洋环境的急剧变化使得其中的生物难以适应。

经度、纬度和水深影响着各种海洋环境因素，海洋中的生物因对环境因素的适应而分布于特定的区域，区域中的生物及化学物质与外界发生缓慢交流。因此有观点认为即使局部环境恶化，生物也可移动到更理想的环境中以弥补适应性的不足。但是并不是所有物种都能轻易迁移，即使它们的生存确实受到了威胁。

需要重新思考这一问题：生态系统中的物种不是孤立无关的，生物群落依赖生物间复杂的关系网得以维持，因此某个物种的灭绝会影响到其他物种，而人类引起的海洋环境的恶化已经超出了我们本来认识的程度。下文列出人类对海洋生物多样性造成的主要威胁。

一、滥捕与养殖

在近代渔业中，数不胜数的海洋哺乳动物遭捕杀，鲸及其他濒临灭绝的物种难以生存。即使在今天，一些国家仍在非法捕杀或采集海鸟、海龟及它们的卵，把珊瑚礁生态系统中可供观赏的颜色鲜艳的热带鱼变成商品。

迄今已灭绝的拉布拉多鸭、大海雀、加勒比僧海豹等物种，都是人类滥捕的牺牲品。20世纪50～60年代，每年有5万多头鲸被捕杀，捕鲸业达到顶峰。而且，捕鲸活动仍在继续。

英国及美国等曾经的捕鲸大国现已成为鲸类保护的拥护者，它们指责挪威、日本、俄罗斯、冰岛等捕鲸的后起者以及素有鲸饮食文化的国家，稍欠说服力。当然，在反对捕鲸的国家中，以鲸类保护为目的的应不在少数。有学者指出，应该保护蓝鲸、长须鲸等濒危物种，而对于小须鲸等小型种，当其资源量恢复到能进行渔业开发时，人类可正常开发，说是如果放任小须鲸数量过度增加，蓝鲸等大型须鲸的数量可能将永远无法恢复。

人类造成的环境变化给动物的生存投下了阴影。由于有毒污染物在体内组织中蓄积，有些鲸的生殖器发生畸变，这种异常可在种群中蔓延。赤潮不仅对鲸产生毒害，也大大减少了其饵料鱼类的资源量。其繁育地也遭到破坏。随着货船及客船数量日益增加，甚至发生过船只冲入鲸群的事件。

19世纪末欧洲拖网渔业技术得到很大发展，渔船的续航里程增加，渔获物可利用格陵兰海域的自然冰进行冷藏。以北海为中心的亚寒带海域的鲱鱼、鳕鱼的渔获量激增。渔业技术飞速发展，滥捕造成渔业资源减少，欧洲各国为争夺有限的渔业资源，引发了严重的国际政治问题。捕捞并销售本来属于人类共有生物资源的活动成为产业，助长了对投资机会及优先开发权的竞争。渔业技术的进步及规模扩大进一步导致了过度捕捞及资源枯竭，陷入了渔业发展与生态保护失衡的两难境地。在其他行业，人们可以寻求更高效的生产方法应对需求扩大，但这一策略明显不适用于渔业。

如今，人类正遭受渔业资源崩溃的惩罚。受影响最大的是北美东北部的海底渔场，那里的鳕鱼如黑线鳕的渔获量从1970年到1992年下降了67%。曾为加利福尼亚带来财富的沙丁鱼渔业在20世纪40年代初消亡，1972年前后秘鲁海域鳀鱼的渔获量下降了80%。20世纪90年代起，白令海大比目鱼，太平洋及大西洋的北方蓝鳍金枪鱼、剑鱼的资源也枯竭了，加利福尼亚的白鲍鱼濒临灭绝，太平洋沿岸鲑科的某些种、热带的砗磲、黑海的鲟鱼等，也面临资源枯竭的危险[3]。

海洋经济鱼类中受威胁最大的是体形大且较寿命长的北方蓝鳍金枪鱼、剑鱼及橘棘鲷。它们成熟需要多年，许多在繁殖前就被捕杀，每年卵的孵化数都在减少，幸存下来的个体有早熟倾向，平均体长逐渐变小。食物链上层的大型肉食性鱼类的减少对整个生态系统的影响较大。由于大型肉食性鱼类减少，捕捞对象转移到食物链下层的小型鱼类、乌贼等，这些大型鱼类的饵料生物被捕获后，大型肉食性鱼类的资源量进一步下降。而且，大型鱼类的幼鱼尚未能长到性成熟的大小就被捕获。由于人类的滥捕，世界上所有的沿岸漂泳区生态系统都较为脆弱，有学者指出沿岸区域面临被水母、樽海鞘及体形更小的生物占领的危机，而这些生物往往经济价值有限[4]。

人类活动甚至能造成鱼类灭绝。因此，正视现实，让渔获量保持在与海洋的供给能力相平衡的水平，是人类共同的课题。

令人遗憾的是无论在哪一国家，水产学都是与生物海洋学相分离的，人们认为渔业对象是独立的生物资源，并不是海洋生态系统的一部分。如今的世界渔业资源量已面临崩溃。不重视自然及生物多样性的水产科学家显然是无法挽救水产资源的。

当季的海鲜味道鲜美，沿岸渔业的渔获量是有季节性的。政府部门及渔业协会对渔业进行管理与指导，在资源量下降或有下降风险时暂时休渔。随着冷冻及冷藏技术的发展，消费者可在一年四季都能购买到想要的种类。在监管不完善的地方，人们为了维持生计或受利益的驱使，不顾资源量的下降，依然滥捕。

大多数沿海国家都在近海捕鱼，而仅有少数几个国家进行公海的远洋渔业，市场规模很大。远洋渔业的捕鱼范围广阔，渔船配备了高性能的捕捞装备并具备先进的捕捞技术。比如北太平洋的拖网渔船每船可捕获10万～30万吨。现代渔船凭借大型渔具捕鱼，宛如漂浮于海面上的工厂。

这些渔船采用有几千根钓鱼钩和长达150千米的延绳钓，或能装

照片12　20世纪60年代北太平洋拖网渔船上堆积的比目鱼

进十几辆喷气式飞机的拖网，或长达70千米的大型流刺网进行捕鱼作业，对渔业资源产生巨大的压力。据推算，每年的渔获量达到一些鱼类全部个体数的80%～90%。近年，公海捕鱼已成为监察对象，但按目前的状况，资源量很难恢复到原有状态[5]。

世界上每年被捕获的鱼有几千种，沙丁鱼、鲹鱼、鲱鱼等200种市场常见种的渔获量占总渔获量的90%，而其中6种的供应量约占总供应量的25%。过多的渔船数量与过高的渔具性能造成渔获量过大。残存的鱼类资源仅够维持其自身的再生产，所以渔获量在20世纪60～80年代急剧增加后趋于停滞，随后的90年代，渔船数量进一步增加，但渔获量反而减少（参照图3）。一直进行渔业统计的联合国粮农组织发出警告，在世界渔业捕捞对象中，约50%的资源已枯竭，另有20%及更多的物种被过度捕捞或者资源趋于枯竭。美国国家海洋渔业局（NMFS）的报告认为，在所监测的捕捞对象中，约80%的鱼种被滥捕，甚至渔获量已接近其资源量，其中包括大西洋及墨西哥湾的重要鱼种[6]。

生物资源理论认为，如果将渔获量控制在一定水平以下，所有的渔业资源是可持续利用的，即具有最大可持续渔获量（MSY），包括环境专家在内的一些学者认为必须进一步减少目前的渔获量才能达到可持续利用。渔业资源量可分为“滥捕的渔获量”“MSY100%的渔获量”“低于MSY100%的渔获量”等级别，这对我们如何看待海洋生物产生了重要影响。那么利用率“不足100%”到底指什么呢？难道海洋中鱼类的存在仅仅是为了被人类利用吗？[7]

在以某一种鱼为对象的远洋捕捞中，渔具若不具有筛选功能，所捕获的非目标物种的数量往往比捕捞对象的数量还多。比如沿岸区域的虾拖网渔业正是如此，在这些非目标物种中混杂着虾类，甚至还有受法律保护的海洋哺乳类、海鸟及海龟。在低纬度区域进行捕虾的渔获物中，往往有70%是杂鱼等非目标物种。

一部分杂鱼被制成鱼粉，其他的则死后被丢弃。要调查这种捕捞行为对海洋生物种群及生态系统的影响是非常困难的。在联合国全体会议通过了相关决议之后，流刺网在许多渔场被禁止使用。然而，流刺网安放距离一度长达几千米，对几乎所有海洋生物进行无差别的捕捞。因意外事故而脱离渔船、难以收回的渔网残片也称作“鬼网”，每天都在危害着大洋中的生物，至今可能依然漂在海洋中。

捕捞对象的改变间接对生态系统产生重大的影响。大型肉食性鱼类常在生态系统中发挥着调节物种多样性的功能，例如栖息于珊瑚礁附近的肉食性鲽科鱼类因滥捕而减少，人们将捕捞对象转向绚鹦嘴鱼等小型藻食性鱼类，而这些鱼类的减少导致藻类过度生长，遮蔽了阳光，珊瑚随之减少。人类改变捕捞对象也可影响新种的加入及固有种个体数减少造成的种间作用的变化。这种变化逐渐传递所产生的级联效应改变了食物链中的物种构成，可导致物种多样性下降。遭到滥捕的生物整体的遗传多样性也因此下降[8]。

逃避监管、未经允许的非法捕鱼作业仍在继续。例如，利用炸药的冲击，使鱼昏迷后浮上来以便捕捞，即“炸鱼法”；也有向海水中投散氰化钾以活捉供生食或观赏的鱼类的方法，结果导致了鱼类的大量死亡，珊瑚等许多非目标生物成为牺牲品，栖息地的环境恶化，渔业资源量急剧减少。经济利益优先的思潮在行业中蔓延，地方渔业组织按照渔场实际情况决定渔获量的传统已经崩溃，也成为邻近珊瑚礁生态系统的国家的重要生态问题。

随着渔业资源的衰退，许多国家为弥补市场上海捕鱼、虾类的不足而大力发展养殖业。理论上养殖业的发展能减轻渔业对自然资源的压力，可在一定程度上提高沿岸生态系统的产量。但实际上，绝大多数的养殖对象都是经济价值较高的鱼、虾类，对养活持续增加的人口帮助不大。

当然，作为一种产业，养殖业本来就应以市场需求为重。它难以摆脱环境污染的影响，且由于土地、水资源及饵料紧缺，据推测，世界养殖业年产量将徘徊在1 300万吨左右（若加上海藻养殖，总共约1 600万吨）。

受限于现有技术及方法，养殖业存在诸多问题，包括沿岸栖息地的变化、疾病的发生与蔓延、对海洋中幼鱼的捕获所造成的自然鱼苗资源的减少（养殖品种多来自人工选育，或者源于有限的几个母本，丧失了遗传多样性）、养殖群体弱化、外来物种入侵、饵料安全问题、养殖密度过大造成的污染等。在设计养殖流程、准备养殖技术及设备时，多没有考虑自然环境因素，未能选育出同时适应养殖环境与自然环境的品种，在海水养殖中基本没有尝试适度混养。人们单纯以追求利润为目的，因而造成了许多问题[9]。

二、对栖息地的物理性破坏

生物多样性降低的一个最明显的原因是栖息地遭受的物理性破坏。沿岸海域的栖息地最容易受到破坏。在世界上人口超过250万的城市中，2/3毗邻大海。70%的世界人口生活在距离海岸100千米以内的地方。人口集中的沿海地区的开发与改造对生物栖息地造成严重的物理破坏，这些开发及改造包括港湾建设，水路疏浚，道路及轨道建设，填海造地，湿地改造，排水与开垦，防波堤等堤坝与栈桥的建设，渔业及水产养殖的影响，人工岛建设，疏浚物处理场的建设，海洋旅游设施的开发，从江河取水，等等。环境自净能力的降低与陆上开发造成的泥土的混入使海滨沙滩的颜色每年都在变化，世界上的白色沙滩在不断减少。到1970年，美国沿海湿地面积下降了约50%。东京湾20%以上面积的海域被用于填海造地。热带红树林被作为木炭或建材而遭到砍伐，或被改成养虾场，或被用于住宅建设或产业开发[10]。

从江河流入海湾的淡水及泥沙的减少也造成栖息地环境的恶化。这是防沙堤坝建设、河道改变、取水灌溉及饮用等人类活动所造成的。结果是淡水中混入的盐分增加，二氧化硅减少，沉积物的减少进而造成三角洲缩小，海水温度梯度及营养盐发生变化，污染物集中到河口区域，沿岸生态系统中物种的分布也随之发生变化[11]。

在黑海、尼罗河三角洲、旧金山湾以及科罗拉多河曾流入的加利福尼亚湾北部等，因江河入海量减少，生态系统发生了急剧变化。中亚的咸海并非真正意义上的海洋，其水源以天山山脉的融雪水为主，曾经是世界第四大湖。自1960年左右起，咸海周边开始建设大型灌溉工程，取用流入湖泊的河水以灌溉广阔的半沙漠地带，使之成为农田。这导致咸海的水位到1987年时下降了13米，盐度则从海水的1/4左右增加到与海水差不多的水平，湖水面积减少了60%，渔业生产几乎崩溃。引入农地的河水起初确实带来了谷物及棉花的大丰收，但随着水分蒸发，盐分残留在土壤表面，造成了盐碱的蔓延。

拖网与底拖网长时间的拖曳可严重破坏渔场的海底。这类渔具仅使用一次即可对海底造成很大伤害，若反复使用将使底栖生物群落永难恢复，而以这些底栖生物为饵料的漂泳生物也只能迁移到其他海域。渔业产量不断减少，鱼价随之不断上涨，而因捕鱼所破坏的海底面积也不断扩大[12]。

海上垃圾造成的物理破坏与上述情况不同。如今，未遭受塑料、渔网及绳子等垃圾污染的海岸已不复存在，污染物甚至流到阿拉斯加沿岸及大洋洲小岛等远离污染源的地方。冲绳海边漂浮着的垃圾，70%以上是来自周边各国海域的令人不愉快的“礼物”。人们常可看到关于鱼类、海洋哺乳类、海鸟及海龟因缠上垃圾而溺水，或因吞入垃圾导致消化道阻塞甚至窒息死亡的新闻。

我们虽然尚不清楚海洋中这些小生命到底受到怎样的威胁，但室内实验已经证明，发泡苯乙烯材料的塑料颗粒可损害动物的过滤功能，损伤其消化道，阻碍营养吸收[13]。

三、化学污染

水质污染比栖息地的物理性破坏更难以估测，同样造成海洋生物多样性降低。而且，混入海水的化学物质可广泛扩散，除了在环境中的物理性扩散，还包括通过食物网在生物间的传递扩散。生态系统及环境中的化学物质流动可由食物链决定。化学物质对生物的生长很重要，但有害化学物质可减缓生物生长，对生殖功能产生不良影响，或者对索饵、逃避敌害及繁殖活动相关的水生生物间信息传递产生负面影响。

全部海洋污染中约80%源于陆上人类活动，剩余的20%是由船舶航行、垃圾处理、油气田开发、深海采矿等海上活动所造成的。化学污染物或直接被排放入海，或从江河流入海洋，或扩散到大气后被风吹到海面上。因此化学污染不仅影响本地的海水，也会波及临近海域及深海，甚至破坏远离污染源的极地海域环境[14]。

水的特性使得海洋环境更易受到化学污染的威胁。化学物质多为水溶性或脂溶性，栖息于水中或沉积物中以其中的有机物为食的生物易受影响。污染物残留于生物体内，沿着食物链被富集到食物链上层的捕食者体内，该过程称为生物富集。

化学污染可分为富营养污染与有毒物污染两类，它们的去向及对生态系统的影响有很大不同。

1. 营养污染

氮、磷、硅、铁等多种元素对生物生长与健康是必不可少的。海水中溶解了含有这些元素的营养盐，如果营养盐不足，微藻的生长会受到抑制。反之，若海水中的营养盐含量过高，会引起藻类的异常发生与大量增殖，此过程中发挥核心作用的是浮游植物。

风暴可将海水下层及海底的营养盐卷到上层，河水也可将源于植物腐殖物的沉积物等一起带入海洋。此外，农田肥料与家畜粪尿以及污水处理厂排出或泄漏出的水也随河水将营养盐输送到海洋。大气因污染而含过量的氮元素，降雨使沿岸水域的氮元素浓度大增。海水具有较强的缓冲能力，因此酸雨并不容易使海水酸化，但增加的氮元素是海水富营养化的原因。沿岸水域中25%~40%的氮元素源于大气。据报道，流入美国切萨皮克湾的氮元素至少有25%源于俄亥俄州等周边广阔区域内的汽车及火力发电站所造成的大气污染。

氮元素也许是人类活动所产生的最明显的营养盐污染物。作为地球大气主要成分的氮气与溶于水中离子化的、可以被植物所利用的氮化合物之间有很大不同。氮气除了能被固氮细菌固定之外几乎无法被利用，而溶于海水中的氮化合物可以直接被主要初级生产者（如浮游植物）所利用。通常添加氮元素主要是为了促进生物生长。的确，氮元素及其他营养盐的流入可引起藻类增殖，若在一定范围内，不会损害生物多样性，反而能提高生态系统的生产力。

但若营养盐含量过高，可引起特定种的异常发生及大量增殖，对生态系统产生危害。如果藻类的生长超过植食性动物能摄取的量，藻类密度过高，可遮蔽阳光或造成暂时性的营养枯竭，导致藻类死亡并沉入海底。死亡的藻类被细菌及原生生物分解，降低了底层海水的溶氧量，引起氧缺乏。海底能移动的生物自然会离开，但固着生活的生物只能坐以待毙。食物链中各营养级的物质循环都变缓，物种多样性因此下降，生态系统的状况恶化。此过程就是海水富营养化。

如果营养盐含量能恢复到正常水平，浮游植物的密度即可保持在适度水平，生态系统就可恢复。但在一些河口及沿岸区域，营养盐不断流入，生态系统难以复原。在河口区域以外也可发生严重的富营养化，如位于墨西哥湾较浅处、面积达18 130平方千米的被称为“死海”的区域。因美国中部农业区的有机物随着密西西比河流入，这里的海水每到夏季都发生富营养化，海底近于无氧状态。近年该海域低氧区域的面积增加，持续时间延长。海如其名，生物无法生存，生物多样性极低。

纽约州沿岸海域也因东北部城市地下水的流入发生富营养化，海底附近持续一段时期呈缺氧状态。东京湾也是如此。除了富营养化，人类从海底获取建设用泥沙，海底形成深达十几米的凹陷。夏季，因日光照射，上层海水变暖且较轻，下层海水寒冷且较重，海水的垂直分层较稳定，有机物堆积于海底凹陷中。有机物分解消耗氧气产生硫化氢，凹陷中形成缺氧的环境。夏季过后，海水的层状构造解体，凹陷中的缺氧海水被风吹到浅湾处，流经途中的鱼及底栖生物会窒息死亡。海水中因含有硫黄颗粒而被称为“青潮”，是令人恐惧的现象。生物多样性因此遭受的危害可持续多年。

营养污染可引起浮游植物物种数的减少及特定种的异常发生。在极端情况下，过剩的营养盐与其他环境特点相结合，诱发一些微藻大量增殖，海水甚至变成这些微藻的颜色。赤潮名称的由来就是如此。这些特定微藻的异常发生并不能成为浮游动物的优良饵料，却是某些小型桡足类数量增加的原因。

另一方面，过度捕捞使捕食这些小型桡足类的鱼类减少。在这种条件下，水母大量增殖。水母可凭借其带有刺细胞的触手以及如树根状延展的辐管进行捕食并消化多种饵料生物，包括体形小的微生物、体形较大的小鱼等。

大量水母捕食鱼卵及鱼苗，加剧了鱼类数量的减少，资源恢复变得更加困难。虽然这种关系尚待验证，但营养污染进一步恶化可改变食物链，最终沿岸区域可能变成水母的“天下”。实际上在东京湾和濑户内海，海月水母已成为主要的构成物种，数量不断增加，甚至堵塞了火力发电站冷却水的取水口，或引起渔业灾害。日本海沿岸出现大量的越前水母，造成巨大的渔业损失[15]。

营养盐增加的利弊，取决于浓度。营养盐通过各种途径进入海湾，通常可被分散稀释到低于引起污染的浓度。然而我们以此为说辞，铺设排污管通向外海以排放富含有机物的污水。

污染物的长期排放或丢弃，可招致沿岸及更大范围海域的富营养化，导致污染水体再次靠近海岸等状况。仅将海水中溶解的有机物分散已属不易，污水的沉淀物所含的病原体及有害物质可进一步引起环境问题。沿岸区域营养盐浓度的控制方法包括限制肥料的使用、减少空中施肥、优化污染排放的处理技术（以去除营养盐类）等，还须将污水处理厂排出的污泥处理成不含病原体的无害肥料并运回陆地，建造具有有机肥加工能力的堆肥型厕所，这样就不必用清水冲洗或将粪便储存在污水净化槽中[16]。

随着快速的工业化，营养污染给发展中国家的海洋环境造成了极为严重的破坏。人口增加最快的国家中，往往存在污水处理不充分甚至不处理污水的现象，沿岸居民的大量生活垃圾直接排入海洋或运河中。现在，营养污染被认为是造成沿岸渔业衰退的重要原因之一。另外，有毒物质污染也以相同途径引起了令人担忧的环境问题[17]。

2. 有毒微藻的暴发

近年，有毒浮游微藻的异常发生从沿岸区域扩展到世界各地。有毒单细胞藻类产生强度不同的毒素，可影响到食物链上层的动物。各类毒素经食物链进入鱼类、贝类体内，被人类食用后可引起麻痹性中毒及腹泻，严重时可致人死亡。从中纬度到高纬度的沿岸区域，营养污染在引起无毒的硅藻类的异常发生之后，还可引起有毒的甲藻类的异常发生。海洋中，藻类的异常发生可引起海水颜色的变化，出现赤潮等现象；有时会发生海水颜色不变化的藻华灾害，而人们可能还注意不到藻类的异常增殖。

富营养化可延长有毒藻类的增殖期，阶段性降低海域中的生物多样性及生产力。在20世纪90年代美国南部大西洋沿岸的微咸水区域就屡次发生了令人惊讶的有毒藻类的异常增殖。非常微小的异养甲藻（*Pfiesteria piscicida*）引起鱼类大量死亡，甚至人们仅仅碰到水就可能对健康造成损害。这种令人恐怖的生物能轻易杀死鱼类，并将死鱼组织吃光，它的发生与增殖可能与猪及火鸡养殖场较集中的地方所流入的过剩营养盐有关[18]。

有毒藻类暴发的规模和时间因地点而不同。有的仅出现在某个海湾的局部，有的可蔓延到沿岸几千平方千米；有的地方仅偶然出现一次，有的持续数周，也有的每年都出现并持续数年。对于世界上有毒藻类暴发的原因，相关讨论仍在继续中。有些学者坚信这是人类改变了沿岸环境的结果；有观点认为以导致有毒藻类异常增殖的有机物为营养源的生物快速成为生物群落中的优势种；也有观点认为在自然界中有毒藻类总是少量分布，有利的环境因素诱发其迅速生长并成为生物群落中的优势种[19]。

有毒藻类的异常增殖对沿岸区域的渔业造成了严重影响。异常增殖的有毒藻类多能产生神经毒素。这些毒素对直接摄食藻类的紫贻贝等贝类并无影响，但对摄食受到污染的贝类的脊椎动物则是有害的。

阿根廷沿岸发生的鲐鱼大量死亡事件就与有毒藻类有关。鲐鱼捕食藻食性的樽海鞘，因此体内富集了樽海鞘所摄食的有毒藻类的毒素。有毒藻类既可大量杀死鱼类，也可对鱼类产生非致命的慢性影响，比如引起感染、降低摄食量及繁殖力等。所以，这些有毒藻类的异常增殖可能是鱼类个体数减少的原因之一。某些毒素也可造成海产哺乳类大量死亡。话虽如此，人类引起的环境恶化才是造成哺乳类抵抗力下降的最大原因。

3. 有毒物质污染

与营养盐不同，某些化学物质溶于海水，在任何情况下对生物都是有害无益的，而且几乎对所有生物都产生不良影响。生物能忍受有毒化学物质的浓度、危害的持续时间等，因化学物质的种类及判定方法的不同而不同。

人类每天都在排放各种各样的化合物，这成为海洋环境恶化的潜在原因。一些自然产生的化学物质也具有毒性。有毒物质所产生的影响包括致畸、出现功能障碍、性转换、丧失生殖机能、传递信息障碍、行动异常、死亡等，并导致生态系统中遗传多样性及物种多样性的降低。

石油、某些有毒金属及放射性同位素等天然存在的物质也可危害海洋生态系统。海底石油在开采的过程，以及通过油轮等的运输过程，乃至在沿岸储油罐的储存过程中，都可能成为海洋环境的污染源。从汽车、道路及建筑物表面溶出的化学物质混合到雨水中，污水处理厂、矿山开采及工业生产排放的废水等所含的有毒金属最终流入海洋。

海面微表层中富集了丰富的有机分子、有毒金属及合成有机化合物。在海面强大的表面张力作用下，有毒金属离子与天然或合成有机分子相结合。

海面微表层所富集的营养物及有毒物质的浓度是周围海水的2～2 000倍。另外，细菌也在海面微表层集聚。对于许多营浮游生活的无脊椎动物及鱼类幼体来说，海面微表层是非常重要的地方。对鲐鱼和比目鱼等的观察发现，污染可导致卵及幼体的畸形与染色体异常，甚至死亡。污染的影响不仅局限于海面，也会波及广阔的生态系统中成鱼种群的密度及生物多样性[21]。

污染物能在海底沉积物中集聚并长期存留。这些污染物中既有工业发展早期的产物，也有当下正持续排放的物质。许多有毒物质与沉积物相结合，因此在海底集聚了比海水中浓度更高的有毒物质。这一过程虽在某种程度上可减少海水中的有毒物质，但沉积物储存有毒物质的能力是有限的，终将泄漏到海水中。有毒物质被以泥为食或接触到泥的动物所吸收，积存在动物体内逐渐浓缩，并沿着食物链富集到营养级更高的生物体内。

有毒物质被活体吸收后的去向取决于贮藏、代谢和排泄之间的平衡，因物种和化学物质种类而异，生物富集的程度和持续时间的长短也因物种及营养级而异，因此不同生物富集的程度差异很大。旗鱼、信天翁、海豹等营养级较高、寿命较长的肉食动物，体内较易蓄积较高浓度的高残留性污染物。

4. 石油污染

石油通常从海底油田的漏口处缓慢渗出，漏口附近栖息着能够分解代谢石油的生物。它们虽种类不多，却为人类探讨生物如何进化以适应特殊环境提供了实例。

大量石油的流入不仅对许多生物是致命的，还会引起慢性病及生殖缺陷，产生长期危害。大部分流入海洋生态系统的石油源于油轮储罐的定期清洗、油田泄漏或渗出，或是陆地上的泄漏。泄漏事故流入海中的石油量虽比慢性石油泄漏少，但事故突然发生，将对海域周围环境产生剧烈影响。

石油泄漏的恐怖可从“艾克森·瓦尔狄兹”号、“托里谷”号、“阿莫科·卡迪兹”号等油轮事故，以及墨西哥湾的Ixtoc油田事故及其后长期存在的海岸石油附着等实例中深刻体会到。每当这样的灾害发生，人们通过视频记录下濒死或死亡动物的惨况。在灾害现场，志愿者努力从鸟类及海狗身上擦拭掉石油，但这些受害动物即使被救回，恐也难在自然界中存活[22]。

然而，新闻报道中很少涉及石油泄漏对分布于海水或海底的生物的影响，对这些生物造成的长期影响的报道就更少了。另外，即使投入与调查1989年阿拉斯加海域“艾克森·瓦尔狄兹”号石油泄漏事故相同的财力与人力，也难以调查与研究事故的长期影响。人类只有在发生石油泄漏事故后，才被迫考虑其后果；亲眼目击到石油对海洋生态环境的影响，才能认识到其巨大的危害。

如果石油泄漏发生在远离海岸的大洋，事故的危害可能“隐藏在波浪下”，人们认定其“并未造成危害”而无须调查。无论是哪种泄漏，石油都将逐渐从视野中淡出。最初，大部分石油以有毒气体的形式蒸发，剩余的小部分发生自然分解，或形成焦油球被海水冲走，或被微生物分解。石油作用于海洋生物的鳃及细胞膜等，时间一长可导致生物死亡，或在沿岸及海底聚积，形成长期污染。人们尚不清楚石油泄漏造成的全部危害及长期影响。石油泄漏已经成为导致生物多样性衰退的慢性环境压力。海洋生态系统虽然看上去已从石油泄漏事故中恢复，但实际上最终还是受到了严重的损伤。

石油泄漏事故颇具戏剧性，不起眼的慢性石油渗漏也可对海洋造成巨大的危害。20世纪中叶，几百万只海鸟因海面油层而死亡。

5. 有毒金属与放射性同位素污染

海水中本就存在若干种有毒金属，因其浓度不高，通常不构成危害，但人类活动极大提高了其浓度以至于对环境产生严重影响。比如采矿等工业及垃圾焚烧可造成汞、镉、铅、锌、铜、铬、锡、锰等污染，砷、硒等其他元素也可造成问题。采矿场排放的钾、铷、钍、铀等天然放射性同位素以较高浓度蓄积在污染源附近，但相比之下，人造放射性同位素更令人担心[23]。

有毒金属可随着风、火山喷发、海水飞沫、森林火灾以及生物分散等自然现象被带到海面，通过工厂废气及汽车尾气排放、煤炭与木材的燃烧、垃圾处理、油漆喷涂等途径进入大气的量更大。汞在活体内被甲基化而毒性提高。由于汞的挥发性较高，应特别注意其经大气进入海洋。

总之，有毒金属在一定浓度下虽然无害，但通过蓄积与生物富集，其在生物体内的浓度逐渐提高。有观点认为，存留于海底沉积物中的有毒金属已经与沉积物紧密结合，不会被活体吸收。但我们很难判断这种观点是否正确，因为有些动物在摄食海底小型生物时也可摄入沉积物，而且海底的海流也促进有毒物质从沉积物中溶入海水。

高强度的放射剂量有致死作用，强度较低的长期辐射也可对生殖行为产生影响。有毒金属的影响因金属种类、受影响的物种及个体而不同，也因生物如何将其排出、蓄积或通过代谢转化为其他形式而不同[24]。

6. 人工合成有机化合物污染

人工合成有机化合物是人类生产的工业产品，或生产过程产生的副产品伴生的各种含碳元素的化合物。人类目前共合成了8万多种化合物，其中约3 000种占全部生产量的90%。另外，每年还有200 ~ 1 000种的新化合物上市。其中一大类是石化产品的碳氢化合物；还有一类是具有很强毒性的有机卤化合物，主要是有机氯化合物[25]。

许多有毒洗涤剂及石化产品污染了江河与沿岸海域，沿岸沉积物中比较常见的还有化石燃料燃烧产生的工业副产品——多环芳香烃（PAHs）。最初多环芳香烃其实并不是人工合成化合物，而是森林火灾的产物，但如今各种工业及火力发电厂产量已超过天然生成量。这类化合物可诱发基因突变及癌症。

污染物中最值得关注的是持久性有机污染物（POPs）。持久性有机污染物几乎都是有机氯化合物，其中包括滴滴涕、毒杀芬、艾氏剂、狄氏剂、氯丹等恶名昭彰的杀虫剂，工业用的多氯联苯（PCBs），氯化工业、垃圾处理场产生的二噁英和呋喃等。这些化学物质多具长期残留性，经海水长距离输送，往往出现在距其最初污染源很远的海洋生态系统中。

近年在北极圈内发现了大量持久性有机污染物。这类人类合成的污染物从低纬度的陆上或大气进入海洋，经过反复挥发和浓缩随海流向极地方向扩散，特别是北极方向，并通过北极海水、沉积物及食物链在海鸟、肉食性动物及人类的体内高浓度富集，对极地区域的居民健康产生严重影响。有证据显示，由于与脂肪亲和力很高，有机氯化合物在位于食物链最上层、寿命较长的条纹原海豚体内的蓄积浓度是海水中浓度的100万～1 000万倍，其中4%～9%经胎盘传到胚胎，70%～91%又通过乳汁传给幼海豚[26]。

几种持久性有机污染物等有毒物质与生物畸形、癌症、生殖及行为异常等疾病有关。一些化合物即使少量进入体内也会改变动物的激素平衡，引起生殖系统的疾患。这些扰乱内分泌的物质相当于环境激素，与雌激素（促卵泡激素）的作用相似，导致鱼类及贝类受精能力减退或性转换。今天的地球环境受到了太多合成有机化合物的威胁。蕾切尔·卡森（Rachel Carson）的极具冲击性的著作《寂静的春天》，以及其后Colborn T等所著的震撼人心的《失窃的未来》，都揭露了环境激素的危害[27]。

有机氯化合物通过生物富集及残留对生物健康产生的危害逐渐被关注，人类又大量生产了其他有机磷及氨基甲酸盐类杀虫剂。诸如此类易分解的合成化学物质对生物的影响尚不清楚，可因其残留性低而被认为对生物没有影响。当然也有短时间表现出很高毒性的情况。例如，在得克萨斯州沿岸发生的海豚大量死亡事件就是由氨基甲酸盐类杀虫剂引起的。虽然这些化学物质降解速度较快，但对其降解后的影响我们还知之甚少。

有毒污染物及其浓缩后的产物，不仅对海洋生物个体，也将对海洋生态系统及生物多样性造成巨大威胁。有学者认为，每天流入海洋的无数合成化学物质所造成的复合污染，既损害了海洋生物的健康，也是导致整个海洋生态系统衰退的原因之一。

7. 人造放射性同位素污染

核武器试验向环境中泄漏了各种放射性物质，这是海洋中人造放射性元素的最大来源。现在这种泄漏在国际上已被限制。除此之外，还包括过去及现在武器生产与核电站排出的放射性废弃物，以及核燃料使用后再处理时排出的废弃物。俄罗斯切尔诺贝利核电站核反应堆发生泄漏后的恐怖影响至今仍在持续。

20世纪90年代中期之后，俄罗斯向海洋及江河中大量排放核废料的事实被公开，这些物质进入食物链，对经常食用海产品的北极圈附近居民的健康产生严重危害。排放到海洋及江河中的某些放射性同位素迅速附着于沉积物中，或许不会移动到离排放地较远的地方，但也有长期存留于水中或流到远方的情况。例如，在格陵兰周边海域可发现从英国的再处理工厂泄漏出的放射性同位素的痕迹。我们尚未专门研究这些污染物对海洋动物的影响，也没有报告其对生物多样性的影响。

四、外来种的入侵

有时我们试图将有的物种移到其他地方，甚至不惜牺牲了当地的其他的物种。这种做法往往造成灾难性后果，之后即使花费巨大财力及人力也无法使原生态复原。移入新环境中的物种可使固有种的种群减少，其疯狂生长甚至可严重压缩其他物种的生存空间。在不受人类干预的生态系统中这种情况也可发生。当生态系统受到某种压力，一些固有种的个体数减少时，新种入侵生态系统并获得成功的机会较大。化石研究表明，在大灾害等环境巨变使固有种减少的生态系统中，有新物种大量入侵的情况发生[28]。

科学家警示，近年人类对海洋生物的“搬运”正招致无可挽回的后果。人类对生物的“搬运”与轮船在港口排出的压舱水有关。当轮船卸载完货物后，为使船体稳定而将海水泵入压载水舱中。在轮船到达其他港口并装载新的货物之前，将排出压舱水。压舱水携带着出发地海水中的无数生物进入新的环境。

这样，每天都有浮游微藻、底栖生物的卵及幼体等数千种生物被带到新环境中。它们或死亡，或成为群落中的非优势成员，或蓬勃生长并驱逐原先的固有种。因远隔重洋，压舱水带来的新物种与当地种可能并不相同，但是新环境如与原来栖息地的温度、盐分及水文等条件相似，对入侵物种来说，则可能是理想的环境[29]。

海洋生态系统因外来物种入侵而发生巨变的事例有许多。黑海的栉水母（*Mnemiopsis leidyi*）很可能来自美国切萨皮克湾的压舱水。自1988年起它们在这片新天地中大量繁殖，将原先分布于此的浮游动物捕食殆尽，导致黑海植食性浮游动物的生物量减少了90%，小型甲藻数量增加，食物网结构变得简单，生物多样性下降。随欧洲河口的压舱水来到美国的斑马贝（*Dreissena polymorpha*），自1988年在密歇根湖发现以来，分布范围迅速扩展到五大湖及密西西比河流域。旧金山湾有许多外来物种，如亚洲产固着性双壳贝类及地中海绿蟹。在东京湾中人们也发现了许多外来物种。

值得注意的是，这些地方都曾受到水质变化、污染、滥捕等较强的环境压力。旧金山湾的另一特点是其中的生物群落在地球历史上相对年轻。因1862年大洪水的影响，无法适应淡水的物种全部灭绝，这里的生态系统空出了生态位，正好适合外来物种的迁入，为它们的繁盛提供了机会[30]。

物种总试图扩大其分布，将其生存空间扩展到其他生态系统中。连形成的火山岛上也能逐渐出现生物，在变化的新环境中有能适应的物种补充和进化。物种迁移是生物适应变化的生态系统、繁殖生长并维持复杂生物群落的自然过程。但人为因素所造成的物种迁移若给生态系统带来变化，往往是破坏性的，对生物多样性构成严重威胁。例如，钓鱼者无心放流的加州鲈就对日本许多湖泊生态系统造成了破坏性危害。

虽不及压舱水的影响，水产养殖也是导致外来物种入侵的原因之一。人类在沿岸海湾养殖特定的水生生物，使其在新环境中繁殖。例如，从日本引进的太平洋牡蛎在美国西海岸大量繁殖。养殖场的动物常可逃逸到外界环境中，在加拿大不列颠哥伦比亚省等地养殖的鳟鱼是虹鳟与硬头鳟交配产生的新品种，迄今已有超过100万条逃逸到海中。在智利与澳大利亚塔斯马尼亚州沿岸养殖着太平洋原本没有的大西洋鲑（*Salmo salar*），在中国广泛养殖的墨西哥产凡纳滨对虾（*Litopenaeus vannamei*）原先在西太平洋也并无自然分布。其他物种偶然也可与养殖物种一起被移入。在运送到养殖场的包含卵与种苗的海水中，可能还含有浮游生物、藻类及附着于养殖贝类上的物种，寄生动物及养殖物种携带的病原体等也可引发问题。

人类活动将数量巨大的物种带到世界各地，而环境问题的决策者对如何处理外来物种尚没有明确的方法，局部对策无法从根本上解决问题。有关部门即使认识到生物多样性的重要性，但对如何保护多样性却难达成一致意见。当下惯用的做法是，只要没有病原体侵入，政府允许供观赏或作为宠物等具有经济效益的物种进口，仅将明显有危害的物种作为外来物种而排除。这种做法极有可能导致潜在的威胁。我们已开始试行预防压舱水引起物种入侵的方法，但离全面实施尚有距离。另外，限制船只在港口活动的尝试也因经济方面的考量而难以实施。

五、人类活动对大洋与深海的影响

长期以来，人们一直认为人类活动影响不到大洋与深海，但事实并非如此。

大洋与深海的环境虽比沿岸地区好，但渔业活动、环境污染及世界性气候变动对这里的生态系统不断产生影响，现在向深海海底丢弃工业废弃物、开采矿产资源等行为尚处于探讨或调查阶段，等到商业行为正式开始之时就会形成真正的威胁。

在大洋表层及深海都发现了若干化学污染物。例如，在大洋表层检测出与沿岸区域浓度相似的多氯联苯及汞。城市所排放的喷雾剂、制冷剂（氯氟甲烷）等污染物进入大气中，进而被运送到北极海域，由表层沉降到深海，在海底向南移动，仅仅几年时间就可到达加勒比海。如前所述，在格陵兰海域发现了来自英国处理工厂泄漏的放射性同位素。对科学家而言，放射性同位素等较易追踪的物质是调查海水动态的便捷标记，但这些物质对生物的影响令人忧虑。在物种多样性较高的深海海底分布了许多种群密度较低的物种，有毒污染物的混入导致了海水环境的急剧变化，对已适应了稳定环境的深海生物造成了严重威胁[31]。

人类已在沿岸区域埋填了大量生活垃圾、核废料、疏浚泥、废旧设施等废弃物。人类在意识到这些丢弃物造成的沿岸环境问题之后，也提出了限制向深海丢弃废物的倡议。有观点认为，深海平原可用于放置有污染风险的废弃物或低当量放射性污染物，原因在于生物昼夜垂直移动总体上是将物质向海水下层搬运，而且深海平原是生物稀少、近乎静止的环境，因此污染物几乎不发生移动，对其上方生态系统的冲击较小。然而，一些学者通过对深海生物的研究，对上述观点提出了疑问。人类直接接触深海的机会极少，因此这一问题尚未引起广泛的关注。

长期以来，人类一直在考虑开采深海镁矿石等矿物，也在讨论开采多金属结核、富钴结壳的可能性。能源研究人员也关注可燃冰的开发。美国东北部沿岸蕴藏的可燃冰的量相当于美国每年消费天然气的300多倍。据推算，全球海洋中可燃冰如果换算成碳元素的量，大约是陆地上埋藏的煤炭、石油及天然气总和的2倍。

深海海底采矿在经济上并不合算；而且一旦开始，海底环境将进一步碎片化，大范围的生物群落栖息地将被破坏[32]。

近年，二氧化碳的深海储存及向中、深层的稀释扩散逐渐成为热点议题。以现有的技术水平，相关方案都可实施。虽然深海储存可降低大气中二氧化碳的含量，暂时控制地球温室效应的进一步发展，但将二氧化碳以液体或固体的形式存放在海底凹陷中，必将对储存地及其周边的底栖生物群落产生致命影响。另外，二氧化碳若在中、深层释放，可造成大范围的海水酸化，从而导致浮游生物死亡率的升高，而浓度过高的二氧化碳对生物的生理影响也令人担忧[33]。

许多人一直有着“深海如同沙漠”的印象，而具有潜水艇驾驶经验的van Dover C L在其著作《深海的乐园》中却有如下描述："书上说深海是广袤、单调的荒地，是几乎没有生命的沙漠，当我们到达深海海底之后才发现这并不是真实的情况。"[34]

六、地球温室效应与臭氧层空洞

人类已开始了结果难料且无法取消的被称为"地球温室效应"的庞大实验[35]。

地球温室效应是二氧化碳、甲烷及其他温室气体累积的结果。工业革命时大气中二氧化碳浓度稳定在280×10^{-6}左右，其后每年都在上升。特别是1953年之后，二氧化碳的浓度以每年1.5×10^{-6}的速率增加，2000年已超过365×10^{-6}，据推算到21世纪末其浓度将达到500×10^{-6}。

但是，大气中二氧化碳的浓度升高，气温不一定立即随之上升。气温的上升估计要比温室气体的增加滞后20~30年。另外，二氧化碳一旦进入大气，将在其中存留50~200年。

据预测，100年后大气中增加的二氧化碳溶入海洋表层，海水pH将从现在的约8.1下降到7.8左右，因此海洋酸化将进一步加剧。这将严重降低世界海洋中广泛分布的具有碳酸钙质壳的生物，如浮游植物颗石藻、浮游动物翼足类及珊瑚形成壳或骨骼的能力，最令人担忧的是壳或骨骼的溶解将导致这些物种灭绝[36]。

从漫长的地球历史上看，目前温室效应引起的地球表面温度变化的幅度并不大，历史上曾有过比目前更温暖的时期。但是，温室效应造成的温度变化速度比自然形成的快100倍左右，因此值得关注的问题是，适应于自然的温度变化速度进化而来的物种是否依然能适应它们从未经历的、快速的温度变化。

大气变暖对北半球高纬度地区的影响最明显。研究表明，气候变化也已对低纬度地区海洋生态系统产生影响。水温每升高1℃或2℃即可对造礁珊瑚群落产生剧烈影响。海水热膨胀，北极冻土带及北极冰冠融化的水引起海面上升等变化，对珊瑚礁、盐碱湿地及红树林构成巨大的威胁。许多珊瑚所处的海域已达到适宜它们生存的温度范围上限。1997年到1998年，全球规模的海水温度异常上升造成世界各地的珊瑚礁出现白化现象。受害最严重的是印度洋的马尔代夫及斯里兰卡，将近95%的珊瑚白化后死亡。在冲绳及帕劳共和国也有50%～70%的珊瑚受到影响。2000年的加勒比海、2006年的大堡礁也发生了珊瑚白化[37]。

冰川与冻土带融化的影响也很重要，将导致海水盐度降低，营养成分及浮游生物增加，与物种隔离及扩散密切相关的全球海流循环模式也将随气候变动而改变。海水密度由温度、盐度和压强决定。通常，表层密度较低的海水在水平移动过程中被冷却，到达格陵兰海域或南极威德尔海域后结冰，海水中的盐分析出到下层，海水密度进一步提高后沉入海洋深层。在1 000～2 000年的循环周期中，环流从印度洋北上至太平洋，最终在海洋各处通过涌升流将海底富含营养盐的海水带到表层。依据模型推断，格陵兰附近海域海水温度如进一步升高将减弱海水的沉降，对调节气温与水温，碳、氮元素及其他营养盐成分的循环发挥关键作用的“大环流”恐怕也将不复存在。我们无法确定历史上是否出现过这种状况，但近年使海面温度降低的季节性涌升流的发生频率下降，有些海域已多年没有季节性涌升流出现。热带海域的水温及陆上气温进一步上升，环境将更加不适宜生物栖息[38]。

据估测，海平面平均每年上升0.5厘米，这加剧了盐水对陆地的侵蚀，盐碱湿地及地势较低的田地附近生态系统将遭破坏。

另外，太平洋许多岛屿分布的红树林仅生长在中潮位以上50厘米高的范围内，预计到21世纪中叶，这些地方绝大多数都将被海水淹没。如以较快的海平面升高速度进行预测，海拔仅有2～3米高的马绍尔群岛及图瓦卢群岛等地的环礁珊瑚岛，其大部分面积也将在21世纪中叶被淹没。而且，加上温室效应的影响，珊瑚礁的生长进一步受阻。温室效应导致北极浮冰的面积逐年缩小，已严重影响到北极熊在浮冰上捕食及抚育幼仔。

越来越多的证据表明，海水温度的上升导致了渔业产量的下降。学者对1950～1993年加利福尼亚海流流经海域的浮游生物资料进行分析发现，到1980年为止的持续温暖时期，浮游动物的生物量明显下降。营养盐浓度降低导致生物量减少，这可能与南方温暖海水的北上有关[39]。

白化前（1998年8月中旬）

白化中（1998年8月下旬）

白化后（1998年10月下旬）

图12　珊瑚的白化（冲绳县石垣岛浦底湾）（桥本和正　摄影）

挥发性化合物，特别是用于冰箱、洗洁剂、喷雾剂的氟利昂气体（CFCs）破坏了大气上部的臭氧层，使得更多的紫外线到达海洋表面，威胁到栖息于海洋表面的生物。紫外线中最具威胁的是紫外线B。春季南极上空的臭氧层空洞变大，海洋表层数量庞大的卵、胚胎及幼体暴露在增强的紫外线B的照射下。生物在最脆弱的时期所遭受的伤害有可能通过食物链对较高营养级的动物产生影响。研究结果表明，因受到更强的紫外线B的照射，南极海域海面分布的浮游植物生产量减少到原来的88%。也有关于南极磷虾种群密度下降的报告，虽然原因尚不明确，但可能与臭氧层空洞扩大及紫外线B照射增强有关。如果北极区域臭氧层空洞增大，生态系统也会因相似的机制而受损[40]。

第6章 生物多样性和生态系统的保护

腔棘鱼邮票
（科摩罗群岛，1954）

有关海洋生态系统及生物群落的科学研究，可以揭示它们的功能及脆弱性，以及生态系统在人类活动影响下的变化。我们在这方面的研究取得了较好的成果，所获得数据在质与量两方面都不断提高，对尚欠缺的信息及信息中存在的不确定性等有了进一步的理解。

我们试图通过科学手段判断生态系统在人类活动影响下的变化，并预测海洋环境到底将发生怎样的变化。但是，我们并不算成功。预测常伴随着非常大的不确定性与偏差，学者认为在缺乏足够证据前发表预言过于武断。即使真的要发生什么生态灾难，管理部门及公众也会为是否应采取防范措施而犹豫不决。相关企业片面引用研究结果，向公众宣传“人类活动对海洋的影响尚未被科学证明”，以拖延政府实施更严格的环保政策。作为世界上温室气体排放量最大的美国，却以国内经济遭受巨大打击为由，拒不签订《京都议定书》；而日本政府虽然通过了《关于消耗臭氧层物质的蒙特利尔议定书》，却以优先培育产业为由，并不积极应对氟利昂气体排放的问题。

人类活动已经对海洋产生了很大的影响，但许多人仍对此视而不见。为了让人类意识到预测海洋生态系统变化的难度，世界自然保护联盟（IUCN）的Salm R V与Clark J R于1984年提道：“对于致力于保护海洋的人来说，要让公众直观认识到海洋中到底在发生什么，是非常困难的。对大多数人而言，海洋依旧是神秘而沉寂的世界。如果是在陆上，我们能够直接看到人类活动造成的影响，从而铭记保护环境的重要性。但对于海洋，我们仅能看到它的表面。无法居住于海水中使我们不仅对海面下的生物漠不关心，实际上也难以对它们的进行调查，这些都成为保护海洋生态系统的障碍。”[1]

人类在对海洋生态系统的相关科学研究中得出了许多见解，公众保护海洋环境的意识也逐渐提高，但事实上，我们探索海洋越深入，越明白还有许多的未知。

第5章对破坏生态系统、造成海洋生物多样性下降的人类活动做了总结。本章将主要叙述迄今人类为保护海洋生物多样性所做出的以及有待去做的工作，海洋环境的特殊之处所带来的困难，预测海洋生态系统在人类活动的影响下的变化，以及为了保护海洋环境所需做出的努力。本章内容整合了自然科学、政治、法律制度、经济学、社会学、教育以及伦理学。为了建造保护海洋生物多样性的最坚固的“要塞”，人类才刚开始理清头绪。这样的努力非常有必要。

人类为保护陆地生物多样性已建立了多个模型。我们对陆地环境的测定及对陆上物种的调查远比海洋容易。因为这两种环境区别巨大。即使我们将陆上的环保技术应用到海洋，也难以确定效果如何。例如，濒临危机的陆上物种较容易受到关注与保护，但对海洋生物来说效果有限，原因在于海洋中面临威胁的物种能得到全程监控的少之又少。人类对陆上的物种较容易接近，容易把握其分布及状况，而对海洋生物的状况了解不足。若物种减少到生态系统发生明显变化时，人类才开始保护，这绝非明智之举。在探讨如何保护海洋生物多样性免遭人类活动的危害时，我们必须从生态系统的特点出发，明晰人类该怎样与海洋共处。

一、海洋环境与生态系统的特点及保护方法

海洋环境的特点给予了我们有关生物多样性保护方法的提示，现将这些特点归纳如下。

水是普遍存在的溶剂。

许多物质能溶于水。这意味着海水中溶解的许多污染物能快速影响海洋生物的代谢。即使浓度较低的污染物也具生理效应，而且，我们难以根据污染物的浓度对生物所受的危害做综合评估。原因在于，污染物因扩散作用及海水循环，总是处于移动与变化中，不断被生物体吸收。要保护生物多样性不受污染物的影响，就必须严格控制污染物的排放。除了浅海海底，海洋中其他地方的污染物回收比陆上难许多。

溶解状态的污染物可向海洋表层及海底底质集中。污染物的浓度在海面及海底最高。影响生物多样性的食物网及海洋环境污染的源头是海面与海底，而不是海洋中层水体。选择正确的评估范围必须作为污染评估考虑的首要问题。

海水是具有复杂循环机制的流体。海水流动的结果是将溶解态与悬浊态的污染物从其发生地长距离地运到别处。污染物在水中保持其活性，因此在移动过程中可对沿途的生物产生影响。水质标准

或许对扩散有限的封闭海域有效果，却难以保护大洋中的生物。这也意味着限制污染物在海洋中的蓄积难以取得明显的效果，而需要在污染源附近水域就对其排放进行限制。有效防治污染需要国际共识与合作。

海洋中分布了许多终生营浮游生活与仅在幼体阶段营浮游生活的生物。浮游生物随波逐流，不停留在固定的地方，有些物种终其一生总在不同的生态系统间流动。因此要保护某一水域的物种，实际涉及的区域非常广阔，这个范围不是基于政治及行政因素人为划定的，而必须由海水的流动模式决定。同时，还必须保护这些浮游生物幼体的生存环境。

令人遗憾的是，即使是最好的保护策略也不是无懈可击的。

对物种的鉴定较为困难。学者发现了不少形态极其相似的近缘种。在现代分类学领域，学者们仍经常遇到难以鉴定的物种。20世纪90年代以来，随着分子生物学的发展，在物种鉴定上产生了许多新的见解。物种鉴定的不确定性以及地理种群的存在，对管理海洋生物资源带来很大影响。例如，大西洋鲱有超过21个地理种群，它们各自具有不同的生活史与分布区域，并维持了其种群密度。我们不仅面临正确区分物种与地理群体的难题，甚至还难以确定稀有物种或濒危物种[2]。

种群也是保护海洋生物多样性的重要单位。仅保护灭绝风险较高的物种的单一种群，对保护该物种长期生存所需的遗传多样性是远远不够的。另外，对于灭绝危险性较高的种群，即使该物种整体的灭绝危险性较低，也必须加以保护。例如，对于因产卵地不同而被划为不同种群的太平洋鲑科鱼类，应当注重这方面的保护策略。

海洋中的食物网相较陆地更加复杂。在许多海洋动物的生长过程中，体形大小与运动能力可发生很大变化；在不同发育阶段，饵料及摄食方法也不同，所处的营养级各异。另外，海洋生物之间除寄生与共生关系之外，种间关系并不紧密。以捕食-被捕食关系为例，捕食者并不以某种特定生物为食，而是选择数量最多、最容易捕获的个体较大的饵料生物；如果难以找到最常见的食物，才开始捕食替代种。成体为植食性的生物也可在生长发育的某段时期捕食动物。若某物种的个体数减少，则该物种的捕食对象及该物种各发育阶段的捕食者，甚至以该物种的遗骸为饵料的物种都将受到影响，且这些影响不断向外传递。海洋生态系统的这种复杂性为预测人类活动对生物多样性的影响增加了难度。

海洋生物的繁殖能力差异巨大。许多海洋生物通常采用大量产卵扩散的生殖策略，但这种策略易受环境变化的影响，造成种群密度的显著变化。我们很难区分种群密度的变化是因人为因素还是自然因素造成的，因此在制定这些物种的保护策略时，必须保守估计其自然繁殖能力。

许多海洋生物的寿命较短。这可引起个体数的大规模变动，导致与人类活动相关的赤潮等异常现象的发生。

海洋生物群落的分布在时空上有很大变化。海流与湍流的模式不仅决定了洄游物种，也决定了浮游生物群落的季节分布，给某一地区的种群与生物群落带来变化。许多漂泳生物也具有集群性，即使在有限的空间中，其分布也可能并不均匀。对于移动范围较小的底栖生物，来自其他水域的幼体的加入可帮助其维持种的延续。这也加大了人类合理利用与管理海洋生物资源的难度。

海洋生物多样性的变化是发生在环境特点不同的几个巨大空间中的动态过程。海洋生物可受到从几米至几千米范围内各种环境因素的影响。生物移动既包括与其他种群相互作用的短距离移动，也包括与季节性索饵及繁殖活动相关的长距离洄游，还包括随海流长距离移动等各种各样的方式。例如，海龟在大洋中生活，却在海滨沙滩上产卵；鳗鱼生活于江河或河口区域，却洄游到大洋中产卵。同样，在海洋污染物中，有的具有长期残留性，可进行缓慢而长距离的扩散，如有机氯化合物；也有的长期存留于污染源附近海底沉积物中并逐渐溶出。所以在人类活动结束之后的较长时间，或相距较远的地方能检测到污染物也就不足为怪了。

对生态系统的研究与监控绝非易事。

人类活动的影响在生态系统遭受严重破坏之前不易被察觉，即使出现了警示信号，也往往被忽视。为了选择最适合的指示生物，我们必须进行大量调查及评估，得出结论时可能为时已晚。这种两难境地经常成为倡导海洋开发与生物多样性保护两派之间争论的导火索。

二、海洋生物多样性的保护方法

依据以上内容，海洋生态系统保护方案的制定是非常困难的。如果我们难以评估其影响，又该如何保护呢？因此，我们能采用的唯一方法是管控人类活动，将环境变化控制在最小范围，留意生态系统发出的即便是非常微小的警示信号。更重要的是，我们每个人都应对自己在地球生态系统中的活动与作用承担起相应的责任。

在生态保护的价值观普及之前，我们进行过保护海洋生命、海洋生态系统的尝试，但成效甚微。通过法律规定、方法实施、国际上协议签署等措施，我们限制了一些破坏生态的人类活动，修复了部分遭破坏的生态系统。但是，如要取得进一步的成效，就需采取更具预见性的保护方法。

这些保护方法包括如下内容：稀有物种及濒危物种的确定与保护，限制人类活动的自然保护区的划定，涵盖陆地与海洋的综合沿岸区域的管理，依据资源管理与渔场保护的明确的渔业规定，污染的限制与管理规定，评估生态系统及人类活动影响的环境监测与调查，为限制对环境有不良影响的产业活动而推行的经济计划，受损生态系统的修复，等等。

1. 物种的保护

最常见的生物多样性保护方法是先确定濒危物种及稀有物种，

然后采取各种保护措施。这一方法最先在陆地上应用，已挽救了许多濒危物种，为它们的生存提供了良好的环境条件，也改善了其他许多常见生物的生存环境。类似的方法在海洋中挽救了许多濒临灭绝的海洋哺乳类，例如鲸类；某些鱼类及珊瑚也被列为保护对象。

许多国家已停止捕鲸，挪威、日本、冰岛等国也同意对捕鲸采取限制措施。尽管如此，大多数的大型须鲸仍然没有恢复到以往的个体数。由于我们对北太平洋露脊鲸等物种保护过迟，在基因水平存在差异的种群已无法避免灭绝。

通过保护濒危物种进行海洋生物多样性的保护存在一些问题。

一个问题是许多物种被定为濒危物种时尚未确定其为何种生物。我们不仅不清楚未知种的情况，也难以掌握已知种的整体分布及种群的情况。栖息地的保护也同样困难，特别是对公海地区的保护。事实上，许多濒危物种是因渔业活动被“偶然”捕杀的。通常，类似的偶然性捕杀难以避免，也难采取相应的对策。

另一个问题是我们不知道濒危物种在生态系统中的作用。一旦其个体数减少到濒临灭绝时，该物种将让出曾占据的生态位，丧失其在生态系统中的重要性。即使事后采取保护措施，也难以确定能否恢复其原先的生态作用。濒危物种如得不到保护，将永远消失。如果生物群落结构已发生变化，那么仅针对濒危物种的保护仅能起到存留其遗传信息的作用，而无涉恢复其生态功能。对濒临灭绝的物种进行保护是必不可少的，但对实现保护陆地及海洋生态系统这一目的却效果有限。

作为“活的基因库”的动物园与水族馆，除了提供启蒙教育及娱乐场所之外，也是人类为保护生物基因资源所做的最后努力。但至少能稍微减轻人类的罪恶感吧。民办水族馆通过动物表演招徕客人，还没有像动物园那样作为基因库发挥保护物种的作用。动物园通过介绍并不常见的野生物种，对提高市民的关注发挥了很大的作用；水族馆通过展现神秘的水生生物，引发人们对海洋的兴趣。但人们是否能由此想到这些生物的栖息地也需要保护呢？美国环境保护团体SeaWeb的调查显示，关于海洋环境，美国人最信赖的信息来源是当地的水族馆。在日本，相关情况如何呢？

2. 海洋保护区

人类为了保护区域性的生物群落及生物多样性，设立了海洋保护区（MPA）。海洋保护区有多种形式，包括可以用于科学调查、完全禁止捕捞的禁捕区（no-take zone），限制渔业活动、船舶航行等特定活动的海洋公园，为保护特定的珍稀物种及生物多样性较高区域的保护区，等等。在日本就有被称为“海中公园”的保护区。有关海洋保护区的法律规定与管理框架因国家及地区而不同。海洋保护区的相关法规及管理框架的制定受诸多因素的影响：人们如何看待生物多样性遭受的威胁，是否支持或接受环保协议，等等。因此，法规及管理框架的制定常伴随着利益关系，容易引发矛盾及冲突。

珊瑚礁区域的海洋保护区成效最好。珊瑚礁如同沉入海中的小块陆地，许多生物定居于此，很少离开养育它们的珊瑚礁。鱼类与岩礁性底栖生物在海流的上、下游相互补充，因此，珊瑚礁的保护面积越广阔，越能覆盖更广阔的上、下游区域，保护效果越好。

珊瑚的卵与幼体随海流迁移，因此如果保护上游的珊瑚礁，下游的珊瑚礁也能受益。

国际上有提议将特定的珊瑚礁区域设为海洋保护区，进行彻底保护。如果能及时采取行动，在各地设立足够大的海洋保护区，相信终有一天人们能意识到珊瑚礁保护的重要性，而不是将沿海开发建设所获的经济效益放在首位。如果珊瑚礁得到了保护，其他生物资源也能逐渐恢复。

如果在海洋保护区得到综合开发的批准，也可进行渔业生产，但前提条件是将生产活动限制在资源可持续的水平。海洋公园等海洋保护区如以保护为目的，必须将游客潜水等活动的影响限制在最小。综合利用的海洋保护区现在作为“排头兵”，做出顺应有效、综合利用沿岸区域的管理计划。这样的管理计划确实是有效的模式，现在从模型建立过渡到沿岸区域综合性管理的时机已经成熟。

设定海洋保护区的难点在于如何通过有效的科学验证来制定保护与修复周边海域生物多样性的计划。我们在理论上虽可做出的各种推断，但实际上却难以验证，严重影响了海洋保护区的设定与发展。另外，从政策制定方面看，在无人活动的水域设立海洋保护区较容易，而设在有居民或渔业活动的沿岸区域则较困难。在人类活动频繁的东南亚及日本，我们该以何种形式设立海洋保护区呢？这是值得我们深入探讨的课题。

通常被批准的综合性开发的海洋保护区，面积较为广阔，较难监测。因为在辽阔的海域，机动船频繁巡逻的花费较大，且遥远而隐蔽的海域往往成为监测的死角。因此，如果得不到当地居民的全面支持就贸然设立海洋保护区，或者缺乏居民的直接参与，那么海洋保护区的效果是不可能长久的。为了保证海洋保护区的设立达到期望效果，对当地居民进行经济补偿与环境保护的启蒙教育极为重要，成功的关键在于“值得信赖”的行政管理者、科学家及当地领导的存在。非营利组织（NPOs）“草根行动”的作用也很重要。如能对当地居民进行有效的教育，并给予必要的经济补偿，民众更容易遵守相关规定，对其宗旨有足够的理解[3]。

禁渔区的设立在海洋中极为罕见。居民及渔业组织曾经设立禁渔区以保护经济鱼类的产卵地与栖息地，使渔业对象数量恢复、体形增大。此类措施有助于海洋渔业的发展。在美国有提案建议在加利福尼亚海峡群岛设立国家海洋保护区，使之成为鱼类的避难所，以保护周边生态系统，提高渔业的整体资源量。

海洋保护区的设立常激发海洋环保支持者的广泛讨论，但这种方法并不能解决所有问题。原因在于，海洋保护区是按到海岸线的距离、边界及海底地形等因素划分的，而很少按照海流模式划分。

然而，海水循环是形成鱼类群落的重要因素，也是底栖生物及其种群维系的决定性因素。

海洋保护区的设立即使参考了海流模式，并考虑到了各项保护制度，也仍然存在许多棘手的问题，例如，应如何处理来自远方的污染物，幼体在扩散过程受到损失时保护生物很难补充和加入，等等。事实上，沿岸环境因物理或生物特性的改变被割裂，幼体的扩散因此受到了严重影响。对漂泳或洄游的海洋生物的移动路线及目的地进行预测相较陆上生物困难许多。海洋保护区的设立首先应考虑其目的，并应综合考虑海岸线管理、渔业及污染等因素。仅凭建立孤立的海洋保护区是不足以保护海洋生物多样性的。

3. 综合性沿岸区域管理

有学者认为未来人类可实现对地球环境的整体管理，并应以此为目标。这种方法被称为指挥与控制（command and control），即首先从陆地上开始，进一步涵盖海洋，由人类决定应该让哪一物种以何目的繁殖多少。

由人类决定哪些种可以灭绝、哪些种应受保护，即对海洋生态系统采用农业或园艺中的管理方法，这是极其荒唐的想法。生态系统既不是人类所创造的，也不是人类可以随意改变的，我们应以更加谦逊的态度对待大自然。但只要人类活动存在，就需要对海洋生态系统进行某种程度的管理。

世界上的沿海区域面临着人口不断增加的巨大压力。快速的城市化、住宅用地及娱乐开发用地以及来自内陆的各种活动，都对沿岸生态系统产生很大影响。显而易见，轻微的管控措施难见成效。内陆的集约式农业污染了地下水及地表水，江河将污染物带到河口区域并造成沿岸污染。大气及海流又将污染物带到大洋及深海，并进一步带到大洋对岸。工业废弃物、处理或未经处理的污水、沿岸建设及修整工程等，给沿岸环境造成了综合性、累积性影响。涵盖所有这些因素的综合性管理以及涉及各领域的细节管理，这样的保护措施是最有效的。

综合性沿岸区域管理多还停留在理论层面，但有些地区已经开始尝试将其变为现实。比如在美国，以俄勒冈州沿岸环境保护为目的的综合性沿岸区域管理计划已经被制定并生效了；加利福尼亚州也制订和实施了管理计划；加利福尼亚州及华盛顿州已将部分沿海区域设为海洋保护区。如果美国太平洋沿岸3个州的合作计划成为法律，就能在美国西海岸实现俄勒冈州提议的综合性沿岸区域管理。

领海相邻或面向同一海域的国家之间，也开始为保护共有的生态系统而签订协议。虽然协议的签署是缓慢而困难的过程，但我们必须重视这一颇具环保效果的举措。从目前的情况看，与涵盖所有领域的综合性保护相比，针对单个问题，如渔业或某一污染的协议更容易达成，因此有观点认为应将重点放在这类协议上。

海洋生态系统的协同管理计划已在某些地区展开。广域海洋生态系统（LMES）的范围涵盖了许多海流循环系统。该计划因具重要的环保价值，得到美国政府的积极推进。但这样的协同计划主要是管控特定的海洋生物资源，而未将人类活动对海洋生态系统的影响作为考量对象。目前共划定了64处广域海洋生态系统，包括白令海、东北大西洋、北美东海岸等[4]。

虽然目前尚未被广泛采用，但未来颇具可行性的管理方法是按照区域及利用目的而设定的功能区划分法（因地区或利用目的不同采用不同的措施）。如果设立综合利用的保护区，人们可能产生错误认识，以为只要建立保护海洋环境并限制人类活动的保护区就可以了。实际并非如此，而是应当划分连接陆地与海洋的、连续性的沿岸区域整体功能区，进行综合性沿岸区域管理。划分的区域包括完全禁止人类活动的区域与允许不同程度及类型活动的区域。在被联合国教科文组织指定为世界自然遗产的澳大利亚大堡礁海洋公园，就是以功能区的划分对覆盖整个公园的、广阔的保护区范围进行管理的。

4. 渔业限制

渔业是沿岸区域生物多样性及大洋中一些物种最严重的威胁之一。目前对商业渔业的限制仅包含跟国界和领海相关的区域，绝大多数国家在没有签署正式协议的情况下通常禁止外国渔船在领海内捕捞，甚至将外国渔船排除在专属经济区之外。各国都认识到对渔业进行严格管理的必要性，磋商并缔结了公海渔业资源管理公约，但对本国专属经济区内的渔业采取限制措施的国家并不多。

滥捕的主要原因是过度的资本化（具有过剩装备的渔船太多）

与渔业技术的进步。很少有国家采取限制措施。渔业资源减少与行业衰退的双重打击本已造成了商业捕鱼的危机，但这一危机被“鱼少价高”这一资本主义经济机制所淡化。

为了缓解新英格兰海域渔业资源的枯竭，政府出台了相应政策：在渔业资源恢复之前，渔民必须购买捕捞权，从而禁止非法捕鱼活动。这与先前鼓励渔民购买渔船扩大装备的举措相反。但在按照资本主义经济及市场原理运转的现代社会中，全球海洋中的拖网及金枪鱼渔船的庞大捕鱼队伍完全未受到限制，依然在滥捕，危害着海洋生物资源与海洋生态系统。

在大洋中设置的巨大的漂刺网造成了严重危害，联合国大会最终也采取措施，要求暂时停止流刺网作业。然而，较小的网具至今仍在沿岸海域使用。

人类除了有巨大的渔网，还拥有对鱼群更具杀伤力的航空探测及声波探测技术。在人造卫星技术被广泛应用的今天，渔业资源的实时信息被卖给渔业公司，鱼群会被一网打尽。在海洋地质学者新发表了得意之作——海底地形图，详细标记了以往不为人知的海底山脉的情况。具有讽刺意味的是，石斑鱼、橘棘鲷、银鳕鱼等就是在这样特殊的深海地形环境中聚集产卵，因此这些生长缓慢的鱼群很容易被GPS及鱼群探测仪定位，转眼之间就被捕获。因此，我们有必要制定针对渔具、探测仪、渔船数量及大小的国际标准。在范围较小的沿岸海域，制定这样的标准可取得一定的成效。

20世纪中叶以后，发达国家及一些开发银行给予了发展中国家大笔的援助资金，促进了发展中国家渔船及装备的大型化，增加了渔业产量。然而结果如何呢？滥捕最终使渔业资源减少，海洋生态系统恶化，而捕获物多被卖到发达国家，几乎没有提高发展中国家居民蛋白质的摄入水平。乘坐小渔船、自给自足的渔民多被配备了高技术装备及大型渔船的渔业公司所排挤。我们只有扭转这一局势，才能将海鲜供给当地居民。这才是当地居民真正需要的。

为了保护渔业资源，联合国粮农组织每年以各国所提交的数据为基础，按鱼种报告渔获量的变化趋势。

虽然未参考中国统计的捕捞数据，但联合国粮农组织的报告反映了世界水产品消费的情况。联合国粮农组织的统计仅包含市场上鱼类的销售量，并未包含因混合捕捞、被丢弃到海洋中的鱼类及无脊椎动物的量，无法真正反映鱼类的消耗量。联合国粮农组织等粮食机构的目标是维持渔获量的稳定，而不是保护渔业资源生物的繁殖能力及海洋生态系统整体的生产力[5]。

常用的渔业限制方法包括规定渔网网孔大小，设定禁渔期、渔业区域等。当然，这些限制措施应以科学为依据。从预防渔业资源枯竭的角度看，限制措施越多越好。当然现实中有失去了限制意义的荒唐例子。阿拉斯加州为防止周边海域的狭鳞庸鲽资源减少，将作业日限定为1天，但没有规定渔船数量和渔获量，造成所谓“奥林匹克式”的捕鱼。结果，每年在那一天有太多的渔船为争抢资源，终日不停地搜索与捕捞。作业结束后鱼被迅速加工与冷藏，以便在禁捕期也能销售。鲜鱼只在作业日之后的一到两周有售，之后几乎完全从市场上消失。在吸取了这样惨痛的教训之后，美国渔业资源管理开始了新的尝试。

个体可转让渔获配额（ITQ）制度就是美国的尝试之一，在国际上得到了好评。个体可转让渔获配额制度是特定的渔业组织购买在特定区域进行排他性捕捞权利的机制，这与日本渔业协同组合所具有的渔业权利——组合成员确保在排他性海域中进行渔业相似。赞成者认为这样能减少渔业压力，更安全地作业；而反对者则认为这种对海洋的部分资源拥有“所有权”的做法，是将公共的自然生态系统空间及资源的私有化。另有一种尝试是将最适渔获量（optimal yield）设定在不确定因素较大的最高持续渔获量（MSY）以下，将生态系统保护以及资源生物栖息地的保护清晰地反映到资源管理计划中。

这些尝试能否成功取决于我们能否从根本上改变目前水产资源管理制度及渔业的习惯做法[6]。

日本渔业协同组合针对骏河湾的樱花虾渔业制定了独特的制度，以保护这片排他性的狭小海域中的渔业资源。这项制度统一核算渔获量的价值，即设定具有捕捞樱花虾权利的3个地区共计120艘渔船的渔获量并合计其价值，将其平均分配。其特点是以资源及渔场的合理利用为目标，采取船队作业必不可少的收入再分配方式，按照科学的方法，而不是以行政指导为依据，设定合适的渔获量，渔业行业成员达成协议后开始实施。由此这一制度能排除渔业的过度竞争，从整体上调节渔获量，将水产品价格控制在合理范围内，而且提高了人们保护渔业资源的意识。这项制度的实施也源于人类想把渔业资源留给子孙后代的愿望，以及渔业组织不断提高的地区共同体意识。渔业组织依据科学调查资料以及从预防渔业资源枯竭的角度算出可容许的渔获量，据此在留有余地的基础上设定一年的渔获量。船队每天预先确定渔场及当日的渔获目标量，在作业现场判断作业时间及收网次数，进行共同作业[7]。

限制渔业的方案应包含对渔船、渔具的规定及对开渔期、渔场的规定。对于寿命较长、繁殖较慢的鱼类，必须在充分考量的基础上进行功能区划分。大型鱼类的资源量受渔业影响较大，对它们的保护也需要在渔业组织达成协议的基础上限定渔场与开渔期。准确的渔获量报告对渔业资源保护具有重要参考意义。另外，也需要促进法规建设及辅助措施的落实。

在国内制定并实施这些渔业限制措施已属不易，要在国际上实施则更加困难。在历史上水产业长期处于缺乏管理的状态。“谁先发现谁获利”“能捞多少算多少，反正是免费的资源”等观念是这种状态的根源。针对滥捕造成的渔业资源衰退及水产品供应量减少的状况，FAO对各国政府提出警告，要求进行资源量的监测。这虽然引起了人们对渔业的重视，但渔业组织达成协议是漫长的过程。为实现渔业生产的可持续与生物多样性保护这两个目标，需要国内外组织的长期合作，高效的管理方法也不可或缺[8]。

各国对渔业的规定都未提及渔获物中混杂的非捕捞对象，包括鱼类、哺乳类、海鸟、海龟及无脊椎动物等。另外，对于种群密度不断变化的渔获对象，物种调查及保护工作的难度增加，这些问题也完全未被纳入一般渔业管理计划。国际框架协议的达成才能有效解决这些问题。

5. 污染物的限制与防治

海洋环境中的污染物可分为富营养物质与有毒物质两大类。过剩的营养盐可引起海水富营养化及生物多样性的降低，因此我们制定了污染物排放规定与海水水质标准，以便判断海水水质是否达标。但是，假如营养盐因微藻的大量繁殖而被快速吸收，那么测定海水中营养盐的浓度就无法准确反映污染物的量。限制污染物的排放是一项艰巨的工作，但我们可以采取一些措施减少污染物的流入：减少农田及森林营养盐的流失，减少肥料的使用，在农田、采伐地及水边保留林地或草原，植树造林，防止家畜及其粪便入水，等等。我们需要采用新技术，例如以更先进的技术方法处理污水处理厂排出的营养盐，建立能过滤污水的湿地，建设非冲水的堆肥式生态卫生厕所。另外，化石燃料燃烧所排放的污染成分可通过新技术回收或去除，燃料的利用率也有待提高。尽管这些技术及方法有的成本较高，有些尚未实际应用，但只要努力总是可以解决问题的。

对于有毒物质的处理则更加棘手。有毒金属可在矿物冶炼过程中产生，如果高浓度蓄积则对海洋生态系统造成威胁。由于太多的不小心，石油泄漏等事故频发。石油若流入海洋也可造成严重的问题。我们对人工合成有机化合物的危害更不能掉以轻心。它们种类繁多，且难以监测，即使微量也可对生物产生不良影响。它们常可在环境中长期存留，通过食物链富集与扩散。

污染对海洋环境是巨大的威胁，因此防治污染对保护海洋生物多样性具有决定性意义。海洋污染的防治对策经历了3个发展阶段。第一个阶段是从停止将海洋作为“垃圾场”开始的。在发达国家，曾以管道或垃圾船向海洋倾倒或排放垃圾的做法已得到遏制或被禁止；不过在一些发展中国家，海洋依旧作为“垃圾场”。第二阶段，许多国家制定了“合适的”的水质排放标准，以减少对海洋环境的污染，虽然这些标准中存在诸多问题。第三阶段，人们认识到防治海洋污染是世界各国共同的目标。然而，人类要有效防治海洋污染，还有很长的路要走[9]。

有毒化学物质排放标准的设定常常成为争议的焦点，因为这一设定的过程还处于探索阶段。人们尝试利用科学方法评估健康的海洋生态系统对污染物的耐受限度。这一限度被称为“累积容许量”，其依据是污染物处于低浓度时无害，在达到有害浓度之前存在一个阈值。阈值的设定大多基于动物实验，即测定实验动物在某种化学物质或多种化学物质的不同浓度下的死亡率。然而，这种生物检测方法不适于阐明多来源污染物的复合性协同效应[10]。

在受到污染的环境中，低浓度化学物质对生物产生复合慢性作用，即使不立即致其死亡也会使其丧失活力，生态系统处于失衡的状态。对于环境中微量的人工合成有机化合物，我们只掌握了其部分影响的数据。例如，微量的内分泌扰乱物质可引起不孕等各种生殖障碍，也有些物质能引起免疫功能不全及神经障碍。这些研究结果表明，目前关于污染物慢性作用的了解及关于有机污染物的水质标准远不足以达到保护海洋环境的要求。

为了控制海水中的有毒物质，许多国家规定了海水中有毒物质的浓度标准，但因是不针对污染源制定的，所以收效甚微。进入海洋的有毒物质在海水中混合，随海流扩散，即使使用限制有毒物质浓度的水质标准，被监测水体（河口区域或整个海洋生态系统）在其中有毒物质的浓度达到标准限定的数值前也已被污染。即使限定了污染的排放浓度，如果没有限制排放总量，对水质的改善也没有意义。水质标准并不适用于有毒金属及人工合成有机化合物污染较严重的海面及海底堆积物。有些国家还设定了底质的污染标准，这主要是出于保护底栖生物群落的目的。

应如何确定污染物的排放标准呢？底质中的污染物是否因生化因素而减轻，底质污染是否对生物群落构成威胁，科学家对此有不同的意见。有观点认为底质上方的海水是底质与其他环境发生物质交换的唯一途径，但基于此观点进行预测并不准确。为了寻求更符合实际的标准制定方法，需要综合考虑多种因素，例如，底质中的动物可通过消化及体表直接吸收有毒物质，有毒物质也可通过食物链富集与扩散等。

环保相关的污染排放标准是由所允许的潜在污染的量所决定的，通常污染排放企业需出示污染没有超过标准的证明。这些限制措施大多容忍微微超标的污染行为，因此难以将水体中污染物浓度控制在限定标准以下。

与其设定污染排放标准，不如直接监控工厂的烟囱及管道、污水处理厂、焚烧厂等污染源。如果严格执行的话，对保护尚未受到污染的地区，促进清洁产业的发展及技术研发是有效的。实际上，直接限制对环境有害的生产技术及污染排放方式也是可行的。限制污染的措施离污染源越近，就越有效，当然这也与限制措施执行的严格程度有关[11]。

如果有毒物质并非来自某个特定污染源，那么直接控制污染源的排放就难取得成效。例如，杀虫剂等有毒物质有农业及林业使用的，也有从高尔夫球场的草地渗出的，还可能来自流经城市的多条河流，等等。这类情况可通过对污染源附近居民进行宣传，以及针对不同污染制定相应的方案等方法来解决。例如，教育人们仅在必要时才使用杀虫剂等化学物质，尽量减少化学药品的使用量。然而在实际生产中，比如农药一般会被定期喷洒，不管有无必要。

确定江河流域污染的固定与非固定来源对防治污染非常有效，莱茵河的环境监测就是一例。长期以来，莱茵河将其流经的国家排放的大量污染物带到欧洲北海。对污染源的排查是从荷兰鹿特丹港开始的。由于河流下游的污染物浓度过高，以至于在荷兰，人们在不违反环境法规的情况下无法进行港湾作业。因而莱茵河流经各国，一致同意为确定污染源、减少污染而实施“莱茵计划”。当然，这种做法的推广还需要漫长的过程。

德国是莱茵河流经的国家之一。因其化工及制药企业较多，德国的制造业曾经极大地破坏了莱茵河的环境。但德国如今也是世界清洁生产技术研发的领先者，在改良产品制造工艺、减少污染源等方面走在世界前列。

6. 清洁生产技术

政府可通过法律法规建设，鼓励清洁生产技术的开发及应用，也将私营企业纳入环保行动中。“清洁”一词有“除去污染”的含义，也意味着减少垃圾的排放及资源的消耗。在环保领域提出“清洁生产”的理念背景为，使物质循环，不污染环境，保护生物多样性，将来的世代资源充足，产业续存。

清洁生产要求生产者对资源的利用与再利用担负责任。产业系统采取清洁生产，是向防治环境污染迈出的重要一步。

以此为目标的产业要大量减少使用或不使用毒性强的原材料，减少有毒物质和废弃物的产生。清洁生产包括的技术有：

不向环境中排放对人体或环境有害的物质和能量。

高效而有节制地利用能源。

使用可再生原材料，即原材料的获取要采用能够维持生态系统功能的方法，使资源循环利用。

产品从生产到其使用寿命终止都符合清洁生产的标准。这种“从摇篮到墓地”方式是指从原材料的选择、获取、加工开始，到产品无法发挥其功能时的再利用、废弃为止，整个设计、制造和使用产品过程要按照清洁生产的标准。

清洁生产技术对保护海洋环境的效果明显。清洁生产有助于减少制造过程中有毒物质的排放，降低垃圾处理场中污染物的泄漏，提高能源的利用率，最终可以减少海洋中有毒物质的污染。同时，加强原材料的循环利用，还有助于保护原材料产地的生态环境。政府可以对致力于清洁生产的企业给予税收优惠和资金扶持，并在社会树立“环保企业”的榜样，对其他行业起到示范作用。

7. 危害评估与预防原则

一般通过预测可能产生的结果，来评估污染和渔业等行为对海洋环境造成的危害。多数情况是从生物群落中选择若干代表种来评估人类行为对群落整体的影响，数据较少时需要使用各种预测公式，利用不确定性系数进行评估。最理想的危害评估是标明与评估相伴的“不确定性”，但这种不确定性往往被忽视。在评估化学物质对环境的影响时，对有害物质的定义成为争论的焦点。评估标准的确定可决定着危害预测结果，例如，若以“死亡”这一明确的结果作为评估标准，就忽视了污染物对生物生殖等方面的影响。

而对生物更加具体、细微的影响，如行为变化及异常发生等几乎未被纳入危害评估的内容。在实际评估过程中如果加上这些具体影响的标准，虽能得到更准确的结果，但同时也进一步增加了评估的不确定性[12]。

以实验动物为对象，在实验室条件下模拟污染等环境压力对生物的影响，得出的结果很难成为判断真实情况的依据，因为现实的自然环境包含的复杂生物群落，实验很难模拟。另外，使用致死临界值作为标准，若实验动物是容易饲养且抗压力强的品种，实验结果容易出现偏差。迄今已发生过多次因评估结果有误而造成了无可挽回的后果的情况。

科学家能为制定环保及资源可持续利用的政策提供技术建议。他们通过建立模型，将野外调查与室内实验的结果用于预测生态系统的变化趋势，据此得出的结论可作为科学依据用于决策。但生态预测的结果是建立在一些假说的基础上，这些假说的不确定性常被忽视。随着时间的推移与知识的增加，假说可发生变化。假说必须得到验证，但像地球温室效应这样的假说，得到验证时恐已为时太晚。现在人类已经认识到科学方法的重要性。另外，决策者必须认真对待科学评估的结果，但实际情况并非如此。

在制定保护生态系统及生物多样性的政策时，必须以科学而正确的价值观为依据，而不是仅考虑政治和经济因素。而且，在科学上具有不确定性、预测结果偏差小的前提下，最终我们可以从价值观上进行判断[13]。

按照上述原则，1972年的《防止倾倒废弃物及其他物质污染海洋的公约》（《伦敦倾废公约》，LC72）、1992年的《里约热内卢宣言》等关于海洋环境保护的国际协议原则上逐渐得到认可。1995年，联合国粮农组织大会上通过了《负责任渔业行为守则》，其中第7项（para 7.5.1）做了如下指示："为了保护水生生物资源及水环境，应当将预防措施（precautionary approach）广泛应用到水生生物资源保护、管理与开发上。信息不足不应成为拖延保护及管理乃至不采取措施的理由。"在《生物多样性公约》及地区性环境相关的宣言中也都体现了这一宗旨。另外，1998年在美国威斯康星州温斯布莱德，由非政府组织（NGOs）主办的大会上，决策者、经济界精英及环保活动家认真讨论了预防原则（precautionary principle），对其应用做了如下解释：

"在产业开发过程中若发现其有可能对人类及环境带来危害，人们即使尚不清楚其因果关系，也没有科学充分证明，也应当采取预防措施。承担责任的不是普通百姓而是企业。各相关方共享情报，民主地参与项目是否继续或变更等决策判断的全过程。另外，必须讨论所有的替代方式，包括停止该项目。"[14]

预防措施是相对温和的行动准则，而预防原则是具有法律效力的国际法条文。本书对两者都以"预防原则"一词表述。预防原则强调为了防止人类活动对环境造成危害，以传统及经验上的认知等信息为基础，对该行为的影响进行调查，一旦预测到该行为可造成危害，即使在取得充分证据之前，也可限制或禁止该行为，或要求其采取改善措施。也就是说，即使科学证据不充分，如预测到将有不良影响产生，也应当立即采取预防措施。表面上这似乎是对“可容许风险”这一概念的否定，但实际上这是为尽可能保护环境所做的决断，目的是得出危害评估的判断标准。难以预测影响的人类活动应尽可能不对生态系统造成伤害，只有采用这样的预防原则作为判断标准并将其应用到危害评估中，才有可能达到保护生态系统的目的。

预防原则逐渐被美国的一些非政府环保组织采纳，并随着这些组织的活动在国际上的盛行而受到政府决策者的关注。美国商务部官员因这些活动妨碍了转基因农作物及含有生长激素的农作物出口，批评预防原则是“反科学的理念”“技术进步的阻碍”，主张国际贸易规则应遵循现行的危害评估方法。另外，有的专家站在维护渔业公平的立场，也对预防原则在海洋环境中是否适用持怀疑态度，担心预防原则将为试图独占海洋资源的沿海国家利用，降低其他国家的渔业机会。如果单从法律及政策层面看待各国围绕资源的利害关系，这种可能性确实存在。但实际上，人类活动的确给生态系统及生物多样性造成了危害，绝大多数渔业公约及对策并未改变渔业资源减少的趋势，因此我们很难对预防原则在渔业的应用持反对态度。

8. 环境监测

环境监测是指在一段时期定期对各种环境因素进行调查与监控。环境监测可确定非生物环境与生物群落的变化，对生态系统正常波动与异常变化加以区分，对变化的原因及影响进行分析推测。环境监测是评估环保对策实施状况及效果所必需的。对海洋生态系统的长期监测尤为重要，因为只有这样才能了解生物群落如何应对自然及人类活动引起的环境变化。

由此可见，综合性的长期监测对海洋生物多样性的评估与保护极为重要，但目前这样的监测计划并不多。加利福尼亚海洋渔场合作调查（CalCOFI）算是少数例子之一。该调查从1949年起一直对美国加利福尼亚州海域的物理、化学及生物要素进行监测，为全球气候变动，浮游植物、浮游动物、鱼类及浮游生物幼体的自然与非自然的变动，生物多样性以及其他重要参数不断提供翔实的数据。只有通过这样长期的研究，而不是短短一到几年的调查，才可能对环境变动的原因及结果进行评估。

长期性监测的实例还包括罗得岛州纳拉甘西特湾（Narragansett Bay）浮游植物的记录，以及白令海、欧洲北海及日本东北部太平洋沿岸浮游动物的记录。这些长期监测为评估与预测浮游生物的生物量及多样性的动态提供了其他资料不可替代的信息。

然而，谋求申请科研经费或升职的年轻科研人员虽然明知长期监测的重要性，但也不愿从事这种短期内难以发表论文的单调工作。长期监测需要政府及公共事业单位在有充足预算的情况下按计划进行。但一些监测工作并没有足够的资助保证其长期实施。就连上文所述评价较高的CalCOFI，在其是否应继续的问题上也曾引发加利福尼亚州政府与科学家之间激烈的讨论。在欧洲，尽管有观点认为“长期监测计划的中止相当于放弃对海洋生态系统变化的关注”，但各地的监测常被干扰，能否继续下去，前途未卜[15]。

关于生物群落及栖息地关系的短期研究与野外实验，对理解海洋生物多样性的动态必不可少，可以提供长期监测难以获得的重要信息。监测及实验等研究并不能替代保护，研究结果还未得出并不能成为拖延生物栖息地及生物多样性保护的借口。

9. 经济对策与制度

经济因素总能影响决策制定，即使环境相关法律及国际协议不涉及经济层面，在具体实施时也总牵扯到经济因素。“危害–效果”分析往往变为“费用–效果”分析，最终以成本来比较。

（1）“费用–效果”分析与生物价值。

在环保活动与建设开发项目的角力中，环保方常输在“费用–效果”分析上。首先，我们很难以金钱衡量生物及生态系统的价值。其次，在经济核算过程中并未考虑生态系统遭到破坏后的修复费用，也没有估算生态系统蕴藏的价值。法律要求环保费用由企业集体或个人承担。虽然罚款制度是出于环保的目的，但是环境本身的价值难以从经济角度衡量。而且，企业支付的罚款往往比保护或修复环境的费用少得多。事实上，企业支付的罚款最多也就相当于受损生物资源的货币价值。

经济价值评估并不适用于濒危物种。物种的生物量越小，其在生态系统中的作用就越低，对于生态系统来说，它的价值也就下降了；而它的市场价格却不断攀升。可见，经济因素常将濒危物种逼上灭绝之路。然而，物种真正面临灭绝危险时，反而引起人们的关注，它的价值随之提高。

生物资源的价值在生物濒临灭绝的状况为世人所知时达到顶峰，这一点在1973年关于捕鲸的古典经济学研究中搞得很清楚。依据该项研究，最赚钱的捕鲸策略是尽早将所有鲸鱼都捕杀殆尽，然后大幅提高鲸鱼的价格，将巨额利润存入银行。因为与在资源可持续利用下捕鲸的获利相比，运作投资获得的利润要高得多。所幸在其他经济因素及国际舆论压力的影响下，这种捕鲸策略并没有被采用。捕获量下降造成捕鲸成本高昂，现在捕鲸业及加工市场都在萎缩。“观鲸”这一新观光项目的产生可能印证了商业捕鲸产业的下滑[16]。

在以市场价值评估生物资源的理论体系中，环保方能否战胜商业开发方，要看市场上是否存在比破坏性开发获利更高的非破坏性开发方式。据此环境经济学家Robert Costanza等计算了地球生态系统给予人类的“大自然的恩赐”的价值。

“大自然的恩赐”的价值有多种估测方法。例如旅费法，即按照到观光地旅行的花费来推算其价值的估测法；愉悦价值分析法，即因“大自然的恩赐”在市场上并不存在，而采用住宅用地及劳动等替代其市场价值估计其间接价值；替代法，即计算自然资源作为私有财产购入时的费用，如珊瑚礁的价值用具有相同防灾功能的防波堤的建设费用来推算。

在Robert计算法产生之前，“大自然的恩赐”似乎是免费的，难以对其估值。按照Robert等提出的估算方法，即使能找到替代方法，人类为获取类似的“恩赐”，每年也需巨额的费用。

对地球生态系统的全部价值进行估算，“大自然的恩赐”每年可达33兆美元，与全球各国GNP总和相等或更高。海洋生态系统价值估计在22.5兆美元，远超陆上生态系统的价值，其中大洋值8.5兆美元，沿岸生态系统值12.5兆美元，湿地值1.5兆美元。如此高的价值远超人们的预想，这正成为环保运动及政策制定的重要指南[17]。

不可否认，这些估算方法也可招致混乱。我们暂且不论对“活”的生态系统以货币估算其价值是否合乎道德，这些估算方法本身在价值判断上存在明显的欠缺及疑义。按照目前的分析，对气候调节发挥巨大作用的外洋环境并未得到恰如其分的评价。海洋对于维持地球生命所依赖的气候条件有重大贡献，这一似乎人尽皆知的作用却未被纳入海洋的价值评估，令人惊讶。而且，海洋作为淡水“供给源”的价值也被忽视，无疑地球上的雨水来自海洋中水分的蒸发。因此我们不得不重新思考外洋实际的价值。

另外，对废弃物进行分解及同化的湿地及海滩，虽然具有极高的价值，但这不应该属于“大自然的恩赐”，因为被分解与同化的有毒物质多为工业产物。虽然湿地有积累有机物及吸收营养盐的作用，废弃物，特别是有毒物质可损害湿地的功能，导致湿地生态系统所具有的其他价值也随之降低。因此是否应评价湿地这些功能的价值有待商榷，而评估的结果甚至可能成为合法向湿地倾废的理由，令人担忧。

对某一特定项目和行为进行“费用-效果”分析时，有必要注意其使用条件的变化。市场条件变化，环境条件变化，政治条件变化，价值也会随之变化。比如，在美国为纽约市提供优质饮用水的卡茨基尔山（Catskill Mountain）的河流受到开发计划的威胁。纽约市对此运用“费用-效果”分析，比较了两方面的费用：为保护该流域生态而购买土地的费用、开发使水质恶化后而建设水处理工程的费用，结论是不进行开发而是保护生态的做法更为经济。然而，如果将来这片土地作为不动产升值，或者当水处理技术变得更加廉价，上述结论或许会被推翻。

然而在日本，采用“费用-效果”分析进行环境评估方法之前的问题仍然留存。即使是在社会形势发生变化、市民的环保意识日益增强的今天，以当地居民强烈的愿望为借口，几年乃至几十年前规划的江河或海岸建设项目依然得以实施。如果采用“费用-效果”分析，可能今天根本不需要建设防沙坝、填海造田，但政府依旧拼力确保预算，坚持建设项目的进行。政府人员、建筑公司及当地自治团体一起进行的公共事业项目明明已经破坏了环境，但在项目审查时，老于世故的专家们却以各种借口对此视若无睹。当地百姓没被给予足够的时间对此提出意见；司法审查及新闻媒体总因“能力不足”无法追究问题的本质；缺乏正确价值观及社会责任感的当事人只追求眼前利益，并不考虑是否能为子孙留下富饶的自然环境。日本在1996年实施了《环境影响评价法》，即《环境评估法》，比美国的《国家环境政策法》晚了近30年，但仍未有效地停止或扭转那些造成环境污染及破坏的大兴土木的公共建设开发计划。该项法律的实施有必要进行结构性改革。

稗田一俊在《大坝弑鲑》一书中清楚讲述了大坝对土地及生物的实际破坏情况，批评了行政当局不负责任的做法。大坝从根本上改变了江河的运行，对自然生态系统造成了严重影响：① 大坝建成后，下游的河床降低，河岸反复遭受破坏，沙土及漂流物在下游水流较缓处堆积而使水位上升，造成水灾。② 为了防止沙土等因素引发灾害，又在下游建设新的防沙坝，最终河岸都被改造成水泥护岸，堤坝成片。从坝上冲走的淤泥堆积在河床中，覆盖了原先的沙石底，地下涌水也不见了，从而使鲑鱼和香鱼等失去了产卵地。

一条从高山流向海洋的江河原本可以养育众多的生命。河水中富含来自森林的营养盐类，使海洋变得更加富饶。海洋中的营养成分又沿食物链进入鲑鱼及香鱼体内。鲑鱼及香鱼溯河上游，成为熊的食物。如果鱼的数量太多，熊只捡好吃的部位。熊丢弃的部分成为狐狸及鸟的美餐，而这些动物的排泄物又滋养了树木。完成了繁殖后死去的鲑鱼又为以其为食的动物提供了来自海洋的极为重要的营养。在鲑鱼溯河洄游的江河河底的石头上附生了硅藻，羽化的水生昆虫增多，它们是鱼及鸟重要的饵料。因此，在海洋与江河中洄游的鲑科鱼类发挥了连接海洋与森林两个截然不同的生态系统的纽带作用。

但在日本因大坝及用于人工孵化的采捕设施的建设，几乎没有鱼能洄游到江河上游。如果在建设之前能慎重地进行“费用–效果”分析，评估这些项目对整条河流及其流域生态的影响，这些建设项目还能开工吗？建设方常以“自然重要还是人命重要”为理由，强行推进防沙堤及河口堰等防灾建设工程，旨在防患百年一遇的灾害，而很少考虑这些防灾设施在一百年间会对环境造成多大的破坏[18]。

Balmford A等对一些典型的生态系统“大自然的恩赐”的价值以“费用–效果”进行分析，取得了令人瞩目的成果。1公顷泰国红树林每年的自然生态价值达60 400美元，远远高于将它们开发成养虾场的收益（16 700美元）。同样，加拿大的盐碱湿地在自然状态下的价值比开垦之后的高60%，菲律宾1公顷珊瑚礁每年的自然生态价值（3 300美元）是破坏性的渔业收入（870美元）的3.8倍。再加上对热带雨林保护及采伐的费用分析等，他们得出地球整体现存自然环境保护的费用与效果之比是1∶100的结论。因此，即使从经济角度看，

将自然环境用于项目开发也是不划算的[19]。

如前所述，对“大自然的恩赐”进行标价在道德上是有问题的，可招致批评。大自然界所恩赐的一切不应以市场价值进行衡量，这肯定将低估自然的价值。有学者认为，这类经济学的研究可得出量化的结果，更容易博取理解及认同。然而，也有人担心这可能让人们更加固守“金钱可以买到一切”的错误观念。这一连接科学与经济的尝试规避了与人类及自然相关的道德观及价值观前提，因此许多学者认为，在今后的标价过程中应追加道德及价值观方面的考量。

（2）奖励与惩罚。

针对环保的经济措施还包括奖励与惩罚，这些措施以环保理念和将其付诸实践为前提。这些指导方针既包括限制或禁止某些行为的法律，也包括指导这些行为改正的规范。在确定了方针之后，可采用奖惩措施对行为进行督促。

应用广泛并付诸执行的惩罚措施基于“污染方支付原则”。最简单的例子是由排放超标的企业支付罚款。从前的污染若影响至今或因事故引起污染物泄漏等，污染方必须承担恢复环境的责任。

上述原则可应用于污染排放权的交易。例如，在河口区域设定每年的污染排放量，并分配给相关企业每年可排放的份额。实际排放少于配额，或生产技术得到改进的企业，可将剩余的污染排放份额卖给污染排放多的企业。这一做法可激励企业采用污染防治技术，促进相关技术的提升。有观点认为这种做法并不能达到减少污染量的目的，与环保本意背道而驰。然而，这种方法使污染方更容易遵守法规，效果明显。这种经济惩罚手段不仅限于防治环境污染，而且在渔业资源管理上，对破坏规则的开发方处以罚金，也可达到资源保护的效果。

另外的方法是对遵守环保法规的人给予补贴。例如，可以考虑给予放弃高科技渔具而购买一般渔具的渔民补贴。在农业上也可对不用杀虫剂、少施肥量或进行有机栽培的农户给予补贴。另外，也可对将动物排泄物加工成肥料、或在农田与江河之间建立缓冲区的畜牧业者给予补助。

10. 环境的修复

在沿岸区域生态系统尚处于健康状态时就进行保护当然最好，但实际上多数生态系统在保护前已被破坏。因此，对这样的生态系统进行修复成为“必选项”。为使生物群落“复活”，必须将非生物环境恢复到适宜生物栖息的理想状态，包括净化海水，拆除或改良堤坝、防波堤等设施，疏浚被污染的底质，培养造礁珊瑚，重建珍稀水鸟筑巢环境，等等。

生态修复包括从针对单一物种的恢复到对整个生态系统进行修复。

对于后者，通常可采用建造适宜的栖息地，人为移入作为生态系统食物链基础的生物的做法，让海草、海藻、珊瑚在栖息地繁育，其他生物可自然加入。这些努力目前仅取得了有限的成果，除了生物因素外关键还是要将物理及化学因素恢复成原貌。

迄今，我们对沿岸湿地的环境恢复已进行了相当多的研究，但仅取得了部分成效，而在完全恢复生物多样性及湿地功能上尚未取得成功。目前，对珊瑚礁及海草场修复的研究还未取得进展，湿地的修复技术也停滞不前。即使技术取得突破，能人为重建盐生湿地及珊瑚礁，也不能据此就以人为重建的速度去开发这些生态环境。

生态系统遭受破坏已成为常见现象，人们甚至认为这才是常态。即使消除环境污染或显著降低了环境的压力，生态系统也可能无法恢复原状。但人们通过环境修复，依然能够挽救许多沿岸生态系统。

世界上许多河口区域生物栖息地正发生局部或整体状态的恶化，红树林及珊瑚礁生态系统也是如此。红树林的面积在过去40年间减少了50%。在美国的切萨皮克湾、旧金山湾、普捷特湾（Puget Sound）等地的海滩保护项目中，人们对生态环境进行了保护与修复。日本在2003年实施了旨在恢复生态系统及自然环境的《自然再生推进法》，以保护及恢复东京湾三番濑滩涂、冲绳石西礁湖的珊瑚礁等生态系统。为了避免行政上垂直管理的弊端使计划中途发生变化，造成修复工作遥遥无期，期待负责该计划的主管当局应发挥强有力的领导作用。

虽然对受破坏的生态系统进行修复是必要的，但我们对自然生态系统的修复能力是有限的。正确预测自然状态下生态系统的恢复过程已属不易，而修复人员也不一定能判别生态系统是否已恢复到自然状态。

在不了解生态系统整体状况的情况下，即使对生态系统进行局部修复，也很难取得理想的修复效果。有时候人为的修复适得其反。因此，防止破坏远比修复更为安全有效，正如美国著名的环境生物学家Cairns J Jr.于1998年所述："如果我们希望降低物种的灭绝速度，并且让剩余的物种数量得以恢复，整个人类社会必须将全球生态系统保全好。"[20]

第 7 章
国内外保护与恢复海洋生态系统与生物多样性的努力

玳瑁邮票
（美治琉球政府，1966）

全球范围快速的环境变化威胁着自然环境、人类健康及世界经济。自20世纪60年代起，国际社会开始关注野生物种及其栖息地的保护。环境问题跨越国境，一个国家在其领土或领海内的活动常可影响到大洋彼岸的他国。仅凭一个国家的努力多无法有效解决问题，国际合作对保护海洋生态系统及生物多样性必不可少。

海洋环境保护问题可通过3种方式成为国际交涉的内容。第一种方式是保障海运规则的必要性。长期以来，海运规则在国际贸易中，保障了各国商船在公海上不必交纳通行税而自由航行的权利。第二种方式是关于世界各国对各自领海资源的所有权，以及将公海资源作为共有资源开发的规定。长期以来，各国关注公海上渔业权益的保障，当海底的石油、天然气及金属等资源的开采在技术上成为可能时，各国将开采权从沿岸扩展到近海。第三种方式是将保护环境及生物作为直接目的。具体表现为近年国际上采取了均等分配天然资源开采权益的方式，各国都积极致力于缔结自然资源及生物的保护公约。

海运规则的制定与1972年的《伦敦倾废公约》（LC72）、1973年的《国际防止船舶造成污染公约》（MARPOL73/78）相关联，禁止向海洋倾倒废弃物是发展方向。另外，关于各国领海及公海资源开发的规定促成了保护海洋哺乳动物、公海渔业、南极大陆及冰川的国际管理法规的出台，以及各种公约与协定的生效，并促使各国逐渐把关注点从资源开发转向资源保护。在1958年召开的第一次联合国海洋法会议上各国制定了若干法规，之后又在综合性的第三次联合国海洋法会议上开始了法案的审议，并于1982年签署了《联合国海洋法公约》（UNCLOS）。该公约很快获得68个国家的承认，并于1994年生效。在生态及物种保护方面，国际上制定了被简称为《华盛顿公约》的《濒危野生动植物种国际贸易公约》（CITES）、《生物多样性公约》以及若干地区性协议。

《联合国海洋法公约》的成果之一是界定了沿海各国在各自海域的权限。该条约规定一国从海岸线起的12海里以内海域及海底归该国管理，并拥有直到200海里的海水中及其下大陆架的资源。该条约不仅界定了公海的范围，还规定了所有沿岸区域为公共所有。该条约详细规定了海洋管辖权的架构，因此成为涉及海洋环境及与之相关的人类活动的其他国际公约及规范制定的基础。

《联合国海洋法公约》规定将沿岸区域作为领海进行管理，促进了国内环保工作及国际性环保合作的开展。但《联合国海洋法公约》并不涉及海岸，因此在将海岸的陆地一侧，如沙滩、沙丘、海崖、盐生湿地等作为公共管理对象的国家，情况更为复杂。有的国家将海岸都划归国家管理；有的国家建立了海洋公园及保护区，采用保护特定生物栖息地等方式进行管理[1]。

如今，为了保护生物多样性，将保护物种、特定地区及生态系统，限制可能影响生物多样性的人类活动，限制特定物种的进出口，制定生物多样性相关政策等诸多方面列入国际公约、协定、计划及制度中，如海洋保护区的设立、保护生态系统与生物多样性的计划。保护海洋环境免遭人类活动破坏的若干国家或国际规则，都将生物多样性作为判断某地区是否得到充分保护的标准。

一、致力于环保之路

联合国通过下属机构的各种规则的制定、机构活动的开展、联合国大会决议的通过与执行，以及将海洋环境问题提请到特别委员会等方式对海洋环境进行保护。另外，各国政府通过与联合国及其下属机构、其他国家及地区、世界银行等国际金融机构以及签署国际条约及协定等方式合作，共同应对环境问题。

国际公约的签署一般需要较长时间的协商，但若问题仅涉及管辖权或部分海域，则仅需相关国家进行协商即可。与法规无关的事项，国家间的协议能更快达成。协议事项的遵守全凭自觉，针对特定问题公示多数意见，维护行政决策指导方向的道德价值。这些原则、决议及纲领的颁布对于解决小范围的问题是极为有效的，况且政府如不遵守这些协议及纲领，将丧失公信力。

国际条约为各国在共同关注的问题上取得一定的共识铺平了道路。各国派出代表举行会议，进行协商。协商虽也能促成条约签署，但多数情况下，会议在确认与会各方有必要对相关条约进行协商之后就草草结束。

在条约的商讨过程中既有负责起草条约的各国政要出席的各级

别会议，也有为条约提供技术性建议的各国专家参加的会议。参加国在会议上提出的协议草案反映了各自的关注点与诉求，草案需经反复推敲与修改。通常由联合国环境规划署（UNEP）与国际海事组织（IMO）等相关机构进行会议的准备与组织工作。

《生物多样性公约》的协商会议由联合国环境规划署组织，于1990年开始，1992年进行表决及签署。1995年，由联合国环境规划署组织的政府间会议在华盛顿召开，发起了《保护海洋环境免受陆上活动污染全球行动纲领》，进行了关于造成海洋环境污染的POPs的条约的协商，并将该条约的缔结时间定在2000年。

条约基本包含了对特定条款持不同意见的国家经协商后相互妥协、达成一致意见的条款，草案中的某些条款因各国未能达成一致意见而被废弃，议程进展缓慢。最终，草案经各国代表表决，获得一致或多数国家的同意而通过。赞成条约主旨的所有参会国签署了条约。该文件还需经各国政府批准，这一过程仍需要很长的时间。

例如，《联合国海洋法公约》经多个国家长达10年的协商才得以签署通过，又历经了12年，该公约才在相关国家批准并生效。特别是在海底资源勘探部分，由于美国的反对，其内容的确定经历了非常艰难的交涉过程。国际公约由部分国家批准并生效后，其他国家也可签署加入。

条约或协定的内容常随时间而变动。条约签署国每年定期举行专家会议，对行动纲领（guideline）制定的进展及存在的问题展开讨论，对条约各项目的实施状况进行调查。参会国经过协议及表决，可通过特别协定对条约进行更改。

近年，在条约协商会议及协商后的例会上，非政府组织可以观察员的身份出席。为了参加条约的商讨，非政府组织首先必须向参会国申请观察员资格，观察员能否参会及其活动范围需视条约的内容而定。非政府组织观察员虽没有投票权，但可以在会议上对议题简明陈述意见，以供参会国参考，并向各国代表分发正式或非正式文件。在会场之外，非政府组织观察员也可对问题进行非正式的协商。

在日本，条约需经国会的认可，并通过相关的法案。一旦条约被批准，相关机构为使条约内容具有法律效力，还需敦促制定相应的国内法，这些法律的地位并不在条约之下。

国内法及地区性条约常可发展为国际性条约。20世纪70～80年代，美国是制定环境相关条约及协定的主导者，多个国际条约都以美国的相关法律为模板。但现在美国的态度已大不相同。我们姑且不去指责美国是否因依仗所拥有的强大国力不情愿接受凌驾于其本国法律及惯例之上的条约。然而，如果其他国家能团结起来对美国施压，如果得到美国国民的支持，改变美国政府的态度也并非不可能。

欧盟（EU）在地区性环境保护活动中成为新的领导者，曾将欧洲北海的地区协定提升到国际协定的高度。

欧盟与日本的产业界努力发展污染防治技术，研发环保商品，改良销售方式，积极从事环境保护工作。相反，美国产业界对此反应并不积极，反对严格的规定，甚至将地球温室效应视为无稽之谈，继续放任浪费及污染的行为。在历次总统选举中，环境问题对获取选票没有太大帮助，并未成为候选人辩论的话题。

政府向民众说明已批准的环境相关国际条约及其目的，是非常必要的。如果政府拒绝批准某条约，也必须向民众说明原因。在美国颇具影响力的非政府环保组织发挥了国际性条约与民众之间的桥梁作用。议会也应具有这样的作用。然而，议员之间在环保方面的认识及参与度上常有很大差距。在美国，颇具危机意识的产业界及期望获得巨额赞助的环保团体常通过媒体进行夸大性的宣传，否则就不会有多少人关注环保相关的国际条约。媒体作为公共信息的传递媒介，地位非常重要。同时，我们常将媒体是否感兴趣当作民意的反映，其实并非如此。媒体必须以科学为依据并具有很强的使命感才能提高民众对相关条约的关注度。同样，非政府组织及大众也应对贸易协定及国际金融机构对环境的影响乃至政府的施政能力进行足够的监督。

国际上有不少与海洋生物多样性保护相关的国际机构，其中关系最直接的包括联合国环境规划署与监督世界渔业的联合国粮农组织。联合国开发计划署（UNDP）等机构也承担了重要的职能。其他机构还包括国际捕鲸委员会（IWC）及科学领域的海洋环境保护科学联合专家组（GESAMP）等。国际海事组织承担了国际海运管理与监督的职能，在海洋环境保护上发挥了重要作用，取得了实际成绩。

筹集资金对于发展中国家开发计划的实施十分重要。国际金融机构提供相关服务，将富裕国家的资金有偿借贷给寻求提高生活水平及经济实力的贫穷国家。这些金融机构开始对环境问题并不关心，但因所投资的项目对环境的破坏而遭到批评，令出资方处境尴尬。这些金融机构以此为契机，设立了致力于环保的环境部门。例如，世界银行至少在态度上表现出了比一些国家政府更强烈的环境保护意识。另外，如今现出了不少为促进各国环保政策的制定而成立的独立机构，其中最有影响力的是吸纳了多个国家及非政府组织的世界自然保护联盟。

后文还将介绍对保护海洋生物多样性发挥重要作用的多个条约、法律及计划的概况。尽管它们多未发挥充分的作用，没有很好地保护海洋及其中的生物，但如果国际社会有意愿去认真实施，海洋生物多样性的保护有希望取得较快进展。互联网是这些法律、条约、计划及环保机构等获取信息的重要来源，世界自然保护联盟及国际捕鲸委员会等通过互联网公开了各种会议纪要与相关评估。

二、海洋环境

海洋环境是连续的，因此保护海洋生物多样性最有效的手段是将包括周边环境在内的广大区域作为保护对象。为使整个海洋生态系统免受人类活动的影响，人类划定了区域，允许在区域中进行特定的项目开发及资源开采。为了将海洋生态系统整体上的负荷降到最小，必须采取审慎的海洋资源开发的方略。人类不居住在海洋中，因此海洋不必为人口爆炸准备空间。我们制定资源分配策略，规范人类的行为，理论上应能保护海洋。但这与资本主义经济规律下的商业活动不同，不具实用性。作为替代手段，在考虑到海洋环境特点的基础上，可通过协议或法规保护特定的物种及区域，禁止或限制某些活动。这些法规既包括了针对某一生态系统应采取的具体措施，也包括了保护整个海洋环境的内容与要求。

1.《联合国海洋法公约》

截至2005年8月，已有148个国家加入的《联合国海洋法公约》对海洋资源分配及开采做出了规定。《联合国海洋法公约》以海洋环境的利用与保护为框架，旨在让所有人平等利用海洋环境并享受海洋的恩惠。这是获得广泛认可的海洋条约，是保护海洋环境最重要的依据。但《联合国海洋法公约》能否发挥效力，取决于各加盟国及其国民如何领会公约的精神，并采取具体的行动。

《联合国海洋法公约》的众多成果之一是定义了管辖权的范围。领海基线向陆地一侧所有的水域称为内水。领海基线的划定因国家而异，大致是高潮线与入海河口水体影响力所及之处。从领海基线向海洋延伸的12海里（22.224 千米）以内的范围是各国的领海。内水及领海都是各国的管辖水域，但其他国家船舶通过领海的权利也必须得到保障。12海里之外，从领海基线起不超过200海里的水域被称为专属经济区，沿海国在专属经济区享有渔业权，同时应履行保护该水域环境的义务，且不能限制其他国家船舶的通航。另外，所有国家的专属经济区及其外部的公海不受任何国家的管辖与限制，公海资源作为“人类共同财产”，是各种国际协定涉及的对象。

《联合国海洋法公约》中大多数规定是关于开发与利用海洋资源的，包含了保护海洋环境的相关条目。例如，第十二章（第192～237条）中记述了“各国有保护及保全海洋环境的义务”（第192条），同时，必须“采取必要措施，防止、减少或控制任何来源的海洋环境污染”。在“保护、保全”的相关内容中有“所谓污染既包括确定的有害物也包括可能的有害物”的记述，强调了预防措施的重要性。污染物包括所有可能危害海洋环境的技术产品、副产品及外来动植物，不仅是海洋中的，也包括了源于陆地及大气的污染物。《联合国海洋法公约》虽没有关于生物多样性的条款，但规定了各国保护生物的义务（195条5款）：“采取的措施，应包括保护及保全稀有或脆弱的生态系统、受威胁或有灭绝危险的物种及其他形式的海洋生物的生存环境。”

另外，渔业管理内容也需考虑到生物种间关系及生态系统的重要性。

《联合国海洋法公约》虽然承认了所有国家在公海享有传统的渔业权，但为了保护渔业资源，也规定了保护与管理在不同专属经济区之间进行移动与洄游的生物群体（straddling stocks）的义务，利用最可靠的科学数据，保护及管理公海生物资源的义务等条件。沿岸国为了防止在专属经济区中的滥捕造成生物资源枯竭，有责任保护与管理这些生物资源。然而，所有国家都沿用了经典渔业资源学家所提倡的最大可持续产量的建议。在这种情况下，如果不同时考虑作为鱼类栖息地的海洋环境及生态系统，那么保护渔业资源的努力是徒劳的。

经过多年的讨论，《联合国海洋法公约》终于克服了又一障碍，对深海海底矿产资源开采的相关条款进行了修订。曾拒绝批准《联合国海洋法公约》的国家终于修改了国内的相关法律及政策。在对深海海底的开采权进行再次协商时，从保护海底资源及环境免受开采活动破坏的观点出发，为了规范对大陆架及专属经济区之外海域的开发行为，设立了国际海底管理局（ISA）。该机构要求当事国“为保存及保全海洋环境，必须制定并实施不次于国际法所规定效果的，负有在项目结束前进行调查及监察义务的国内法”。

《联合国海洋法公约》特别考量了冰层覆盖海域，为防止相关国家在深海海底开采及船舶通航对环境造成严重的危害，设定了“特别区域”，船舶在这些水域航行必须得到国际海事组织的许可。

2. 国际协议事项

联合国关于环境开发的辩论始于1972年在斯德哥尔摩召开的联合国人类环境会议，会议通过了“人类有权生活在满足自己尊严及福利的环境中，享有获得自由、平等、充足的生活条件的基本权利，并且为了现在与将来的世代，应当肩负起保护与改善环境的庄严责任”的《斯德哥尔摩宣言》。

自此这一道德取向成为国际协商环境问题的基石。负责的理念本应世代传承。这一理念在1992年里约热内卢召开的联合国环境与发展会议（UNCED，又称里约热内卢峰会）上被提出。但该理念的践行并不像商讨及签署那样容易，各国关于“需要做什么以及应该如何做”的争论仍在继续。

联合国人类环境会议促成了世界环境与发展委员会（WCED）的成立。世界环境与发展委员会在1987年出版了题为《我们共同的未来》的报告，对保护海洋环境的重要性做了如下叙述：“进入新世纪，我们相信，人类能否可持续发展将取决于海洋管理能取得多大的进步。我们的机构及政治需要巨大的变革，但今后在资源上一定非常依赖海洋。”[2]

另外，联合国开发计划署将关注的焦点对准受到人类活动危害的海洋环境，针对各国政府制定了指导方针，在1985年通过了《保护海洋环境免受陆源污染影响的蒙特利尔导则》。

联合国环境与发展会议的成果，是通过了《里约环境与发展宣言》与针对联合国环境与发展会议所讨论的各项问题的《21世纪行动议程》。前述的预防原则就包含在议程中。预防原则出现在国际环境相关的协商中，其内容有了相应的变化。《21世纪行动议程》中涉及了保护生物多样性与防止陆上人类活动引起海洋环境污染问题。

参加联合国环境与发展会议的各国政府各自考虑了保护海洋环境的措施，在进行有可能危害海洋环境的活动前，分析其对环境的影响，采取必要的防范措施以改善海洋环境，也通过经济激励措施促进清洁生产技术的发展，并承诺努力提高沿海居民的生活水平。

为了履行《21世纪议程》规定的义务，联合国环境规划署在1995年于华盛顿召开的国际会议上，作为主要推动者倡导了“保护海洋环境免受陆上活动影响的全球行动计划”。该行动计划以威胁海洋环境的所有陆上活动为对象，在国家、地区及国际层面开展行动。其中一个重要项目是制订广泛的国家行动计划，当出现具体问题时，其必要性就体现出来。该行动计划的进展得到了绝大多数国家、民众及非政府组织的关注及大力支持[3]。

3. 日本、美国的相关法律与行政机构

《联合国海洋法公约》生效以来，尽管许多国家开始制定与实施海洋相关法规以维持国际海洋秩序，但日本的相关法律建设及政策制定明显滞后。虽然最近十几年日本的自然与社会环境发生了显著的变化，但在环境政策上并未做出相应的修正。政府管理者常被动处理实际问题，不仅没有设置专门监督管理海洋政策的国家机构，也几乎没有多个机构合作制定政策的先例。相关机构与地方政府意见常不一致，在资源及旅游开发、环境及生态系统保护等问题上相互对立，容易延误问题的解决。渔业管理分属水产厅、地方政府及渔业组合，海运及污染管理由海上保安厅及环保部门所承担，但海洋生态系统及生物多样性的保护并未被纳入行政管理架构，因此难以采取有效的对策。海洋政策研究财团已将综合性海洋政策的制定及调整相关行政机构的必要性列入《21世纪海洋政策建议》。

美国于1966年成立了海洋科学、工程与资源委员会，又称为Stratton委员会。该委员会于1969年归纳了今后30年美国以海洋资源开发为重点的海洋政策，发表了题为《我们的国家与海洋：国家行动计划》的报告书。2000年，美国通过了《海洋法案》（*Ocean Act*），并据此成立了国家海洋政策委员会。该委员会在进行研究调查与海洋资源开发的同时，为推进新的政策的制定，重新讨论了环境保护及资源管理等一系列问题，并提出了建议，于2004年9月向布什总统及议会提出了题为《21世纪海洋蓝图》的最终报告书。布什总统也在同年12月发表了《美国海洋行动计划》，其中提出了在理解生态系统的基础上对海洋及沿岸资源进行管理这一基本原则。

美国有多个海洋管理部门。距海岸3海里以内的渔业资源归州政府管理，3 ~ 200海里的专属经济区归国家海洋渔业局管理，海底油田开采等归内政部管理，潜水艇活动区域归海军管理，海洋污染归环境保护局（EPA）及海岸警卫队（USCG）管理，掌管海洋环境的主要机构是商务部的国家海洋与大气管理局（NOAA）。其中，国家海洋渔业局承担着保护海产鱼、虾、贝资源及海产哺乳类的责任。国家海洋与大气管理局负责海洋保护区及湿地保护系统的设定及海洋基金计划（关于海洋利用与保护，市民参与大学的基础教育及研究项目）的实施等，进行了许多海洋研究调查及环境监察，参与了生态系统状态的评估。隶属国家海洋与大气管理局的国家环境卫星数据信息服务局设有海洋数据中心，负责收集与管理包括生物资料在内的海洋各方面的数据。环境保护局主要负责包括海水在内的水质管理。财政部具有批准向海洋环境保护项目提供资金的权限，但我们并不清楚在该批准流程到底在多大程度上考虑了生物多样性保护。

三、生物多样性

海洋生物多样性保护是在面向全球的生物多样性法规及机构下实施的，基本没有仅适用于海洋生物的多样性保护条约。

1.《生物多样性公约》

尽管海洋与陆地的生态系统有很大差异，《生物多样性公约》依然将两者合在一起，成为一份综合性条约。该公约于1992年在里约热内卢制定并于次年生效，为保护海洋遗传多样性、物种多样性及群落多样性建立了框架，其主要目的是生物多样性的保护、生物多样性构成要素的可持续利用及以公平合理的方式共享遗传资源。

公约内容涵盖了基因库等遗传资源保护技术及基因工程技术向发展中国家的转让事宜。发展中国家从中受益，借此保护本国的遗传资源；遗传资源相关知识也将像专利等那样有知识产权，受到保护。这些虽与保护海洋生物多样性没有直接关系，但公约要求各国促进生物多样性保护及可持续开发，并将公约的精神引入其他相关政策。该公约强调了维持、保护及管理自然环境中物种与种群的必要性，各公约签署国有义务防止外来物种入侵，并要积极应对已经入侵的外来物种，将其消灭或控制其大量繁殖。然而，消灭已经定居的外来物种并非易事，若方法不当可对其他物种造成威胁。如果没有充分评估消灭入侵物种对已经形成的种间关系的影响，结果可能适得其反。公约也规定了转基因生物的利用、管理，以及预防转基因生物逃逸到自然界中所产生的危害。但是，从预防原则的角度看，冒“转基因”的风险本身就是个问题……

公约除规定了保护濒危物种及种群之外，还着重强调了对整个生态系统而不是仅对某个物种进行保护的必要性。条约曾经有编制“世界珍稀保护物种及其栖息地概览”的设想，但受到期望开发资源、振兴国家的部分发展中国家的反对，该条文被删除了。缔约国选出对人类有经济或其他方面价值的物种，包括有助于提高生物多样性的物种（濒危物种），对它们的生存状态进行调查。另外，为了将生物资源开发对生物多样性产生的负面影响降到最小，在公约的协商过程中，还通过了对渔获量的规定及禁止使用爆炸物或有毒物质进行违法捕捞（包括未申报、未取得许可进行渔业）等条款。

公约规定各缔约国有义务对可严重威胁生物多样性的行为进行充分的环评。遗憾的是，该条文在评判对生物多样性是否存在严重威胁方面所设定的标准过于宽松，从而失去了实际保护的意义。

缔约国也被要求将生物多样性及自然环境的重要性列入相关计划与政策。但所有这些责任及义务，在财力与技术两方面实力悬殊的发达国家与发展中国家，都以"合适的""尽可能"等较和缓的表达方式写入条约，可能收效甚微。另外，关于预防原则，公约明确规定了"生物多样性受到严重威胁时，不能以科学信息不足为由而推迟采取旨在避免或尽量减轻此类威胁的措施"。除此之外，公约几乎没有提及应如何预防威胁的发生。

因此，公约的有效性取决于当事国是否重视环境问题、如何监测环境问题，以及怎样对发展中国家保护生物多样性的努力提供援助。现在包括日本在内的187个国家及地区签署了《生物多样性公约》。美国也派出代表团参加了会议，积极参与了讨论并对公约的缔结产生了重要影响，但并没有加入该公约。

2. 保护濒危物种

虽然对生物多样性的保护没有直接的效果，但是在国家缺乏整体保护政策时，我们也不应忽视保护特定物种的各种条约、法律及政策的重要性。保护某一物种常与保护该物种生存的生态系统紧密相关。生物多样性的保护即使不是主要目的，但对特定生物的保护也可发挥保护生物多样性的效果。在试图挽救濒危物种及易危物种时，它们在生态系统中的功能多已终结。只要这些物种继续存在，就能说是为提高物种多样性做出贡献了，但若这些物种在数量上无法恢复到原有的种群密度，就难以维持功能多样性。

《华盛顿公约》CITES是较为成功的国际条约，得到了多个国家的支持。该条约将对象物种分为以下几类：① 濒危物种，国际上全面禁止其交易；② 生存受到威胁的物种，交易受到限制，需要审批；③ 被缔约国中一国列为保护生物的物种，禁止不经该国许可而向他国出口。该条约禁止或限制有灭绝风险的物种的贸易，但也有经特批而允许交易的例外情况。

该公约的实施确实减少了陆地生物的国际贸易，但对海洋生物几乎没有作用。原因在于对大多数海洋生物来说，人们难以判断其是否濒临灭绝。迄今已有一些海洋生物，如一些珊瑚、鱼、海鸟、海龟、海洋哺乳动物等被追加到禁止商业交易或者需经批准才能进行商业交易的国际贸易物种清单中。但因信息有限，人类并未将所有海洋濒危物种列入。另外，因渔业压力过高，一些水产品种也有灭绝的可能，但这些生物也未被列入该公约[5]。

1979年的《保护迁徙野生动物物种公约》，旨在通过国际合作保护在不同国家间迁徙的濒危物种或生存受到威胁的物种。该公约将在不同国家领海及专属经济区间洄游的多种海洋生物列为保护对象，但并未包括公海。与《濒危野生动植物种国际贸易公约》做法相似，该公约也附带了所涉及的濒危物种名单，其中包括一些海洋哺乳动物、海龟、海鸟及鱼类，这些都需通过国际合作才能得到真正的保护。缔约国不得捕捞濒危物种，必须保护这些物种的栖息地并为恢复物种的种群数量做出努力。另外，各国需采取措施，防止外来物种入侵等可能对濒危物种造成威胁的因素。通过国际合作进行保护的物种可被划分为不同的地理种群，它们被国家间的协定所保护，得到了较为理想的生存环境。日本政府已与相关国进行了磋商，达到了保护相关生物的目的，但并未签署该公约。

无论在日本还是在美国，针对保护濒危物种等物种的法律，都可引起资源开发、交通建设等行业决策者的反感。因为他们的开发计划与环保法律经常是相悖的。绝大多数问题与栖息地的保护有关。

3. 防止外来物种入侵

船舶的压舱水是海洋中外来物种入侵的重要媒介。1991年，国际海事组织的海洋环境保护委员会为防止船舶压舱水及污泥造成有害物质及病原体入侵而制定了国际性方针，这就是2004年通过的《国际船舶压载水和沉积物控制与管理公约》。

国际海洋开发理事会（ICES）与联合国粮农组织还制定了关于引入外来物种的规定。国际海洋开发理事会的规定包括了养殖品种，认为任何外来物种的引入都是危险的；而联合国粮农组织的规定只限于鱼类。

4. 保护海洋哺乳类

依据1946年签订的《国际捕鲸管制公约》，成立了国际捕鲸委员会。国际捕鲸委员会发布关于鲸类生态、生活史的研究成果及直接或间接与捕鲸相关的国际活动的信息，限制鲸的捕获数量及大小，规定了若干禁止事项及捕鲸工具的类型与规格等。国际捕鲸委员会的本来目的是为了使捕鲸产业有序发展，限制过度捕鲸，但因成员国的资格没有限制，许多非捕鲸国也加入了国际捕鲸委员会，非捕鲸国的数量迅速超过了捕鲸国。

国际捕鲸委员会初期的努力以惨痛的失败而告终。尽管有捕获限制，但所有大型鲸类的种群数量都在持续急剧减少。捕获量被设定得非常高，且从一开始就遭到了以苏联为首的多国对公约的违反。成员中非捕鲸国的数量超过了捕鲸国之后，国际捕鲸委员会暂时通过了无限期禁捕的规定。然而，也有一些国家提出异议。日本和挪威认为以科学调查为目的的捕鲸是合法的，仍继续捕鲸。挪威重新启动了仅针对小须鲸的商业捕鲸。小须鲸是体长7～8米的小型须鲸，每年都繁育后代，而大型须鲸每2～3年才妊娠一次。据估测，南极海域小须鲸种群数量约76万头。由于蓝鲸等大型种类数量减少，小须鲸得到了丰富的饵料，加之其较短的繁殖周期，近年小须鲸种群数量有了飞跃性的增加，因此短期不会灭绝。捕鲸在北极地区及美国部分沿海地区是被允许的，因为它早已融入当地原住民的传统文化及生活中。

现在国际捕鲸委员会的讨论已偏离了保护鲸的主题，演变成打着“暂停”（moratorium）旗帜的反捕鲸方与坚持“科研捕鲸”方之间的角力。

国际捕鲸委员会有大约40个成员国，与捕鲸直接相关的决定需获得至少3/4的成员国的支持才能通过。但日本、挪威等希望重新开始捕鲸的国家与反对捕鲸的国家数量接近，因此如果这一争端持续下去，就难以依据国际协议进行鲸类资源管理。冰岛表示将根据本国需要进行捕鲸，并退出了国际捕鲸委员会。1997年，爱尔兰提出在新制度下允许有限的商业捕鲸。该制度设定了鲸类保护区，各国在其专属经济区中进行充分调查后，可以被允许在沿岸海域捕鲸，但禁止将鲸销售至国外，而用于科学调查的捕鲸将被中止。但各国尚未就此达成协议。

捕捞海豚等较小型鲸类不在国际捕鲸委员会的限制内，但因日本等国捕获了相当数量的小型鲸类，美国等国也为了限制捕捞而开始施加压力。

5. 世界渔业的规定和管理

以公海渔业资源为议题的联合国跨界鱼类种群和高度洄游鱼类种群养护和管理会议是依据《21世纪议程》而举办的，从1993年起有100多个国家参加，并于1995年通过了《执行1982年12月10日〈联合国海洋法公约〉有关养护和管理跨界鱼类种群和高度洄游鱼类种群规定的协定》，以减少在公海的滥捕行为，缓和为争夺日益减少的渔业资源而激化的国际渔业竞争。该协定考虑了各国在公海对捕获对象种的保护，旨在维系渔业资源的可持续利用并和平解决公海资源引发的争端。

该协定特别强调了保护与管理世界渔业资源的必要性，为此呼吁建立地区性渔业组织。各国还没有关于保护与管理渔业资源的统一标准，是否保护与管理渔业资源关系到各国的利益，各国对保护和管理工作的理解和执行也有很大差异。为此，将限制渔业、制定可持续渔业规则的权限交给了能切实考虑当地物种及环境特点的地区性渔业组织。地区性渔业组织收集渔获量数据，对各国分配渔获量配额，并要求各国所有渔船承认并遵守渔业资源保护与管理制度。该协定中明确了因科学数据不足或不确定性等原因而采用预防原则的必要性，规定了“不能以资源评估的不确定性为借口而不采取保护措施”，但并没有规定特别的受限活动或限制标准。缔约国渔业资源的保护与管理由地区性渔业组织所承担，因此该协定实施的效果因地区而异。2006年，日本政府对该协定的签署终于在国会通过。

以海洋环境和生物多样性保护为焦点的联合国相关倡议还包括1989年的联合国大会决议（44/225号）。该决议是在流刺网捕鱼对环境的破坏广为人知并造成国际影响的背景下达成的，它呼吁各国：自1991年7月起，在公海暂停使用长达几千米甚至更长的大型流刺网。虽然该决议不具法律约束力，但得到了联合国大会的关注，绝大多数长期使用流网作业的国家都响应了该决议的号召。该决议的通过并未经过长期协商及批准等繁复的手续，达到了保护海洋环境和生物多样性的目的。此外，还有一项条约禁止了在南太平洋各国领海内长度在2.5千米以上的流刺网的使用；而在北太平洋区域，与美国、日本、加拿大、韩国以及中国台湾等国家和地区相关的3个协定中，全面禁止了流网渔业。

世界粮农组织对世界范围的鱼、虾、贝资源量及渔获量的动向进行监测，因此需要从各国收集用于渔业管理的渔获量统计资料。但实际上这些资料并不一定可靠而完备，各国数据的可信度有很大差异。世界粮农组织仍以这些资料为依据评价世界渔业的情况，据估计世界上约70%的渔场资源量急剧减少，或者依然处于滥捕后的恢复过程中。

四、海域的保护

保护生物多样性的另一个方法是划定海域，对该海域及其周边生态系统及环境进行保护。

1. 极地海域

虽然有国家对南极大陆提出领土要求，但大陆周边的海域不属于任何一个国家，因此各国共享对南极海域生物资源与非生物资源开发利用的权利。南极海域作为人类共同财产受到保护。1959年通过的《南极条约》适用于南极大陆及60°S以南的海域，禁止在南极大陆及周边海域进行军事演习与武器试验，鼓励对其进行科学调查。

该条约最初仅包含禁止处理放射性废弃物的条款，并未涉及环境方面，但有些国家提出应当增加这方面的规定。经过激烈的争论及商讨，条约协商国于1991年在马德里签署了《关于环境保护的南极条约议定书》，规定了将南极大陆设立为自然保护区、为了和平与科学进行共同管理、推进调查研究、贯彻废弃物管理条例、保护生物、限制海运、设立特别保护区与管理区等内容。议定书中涵盖了包括周边海域的南极保护区系统，设定了为议定书的执行提供建议的环境保护委员会。在南极大陆上栖息的绝大多数野生动物至少在其生活史某段时期生活于海中，因此该议定书对保护海洋生物多样性发挥了作用。

但南大洋大部分海域并未被包括在《南极条约》中。由22个成员国组成的南极海洋生物资源养护委员会（CCAMLR）于1980年设立，签署的《南极海洋生物资源养护公约》于1982年正式生效。该公约与通常的渔业条约不同，继承了《南极条约》中保护动植物的精神，涉及的水域是以生态系统的特点进行划分的，涵盖了南极较冷海水与从北方南下的较温暖海水交汇形成的60° S以南所有的海域，保护其中所有海洋生物资源，因此具有环保条约的功能。该公约是以保护生态系统为基本方针，而不是阻碍资源的利用。但是，近年南极海域的南极银鳕资源量逐渐下降，该条约却无法阻止在南极海域发生的非法捕捞行为，这成为一个棘手的问题。

鲸与海豹还分别受到《国际捕鲸公约》和《南极海豹保护公约》的保护。《南极海洋生物资源养护公约》还包括适用于南大洋渔业及相关活动的各种生物保护的内容，规定了维持资源可持续利用、保持水产物种与其他物种之间的关系等义务。

另一极地区域是北极区域。这里被各国所分割，并有人类居住，因此保护南极海域自然环境的方法并不适用于这里。北极区域虽没有综合性环境条约，但北极原住民的团体与环北极的8个国家组织了北极理事会，为推进环境保护及地区研究而合作。1991年，该理事会通过了《北极环境保护战略》（AEPS），评估北极环境状况，制定环境应急对策，致力于北极地区动植物及海洋环境保护。各国按照该战略设置了多个工作组，如北极监测与评估工作组（AMAP）、北极海洋环境保护工作组（PAME）。

2. 区域性海洋计划

联合国环境规划署根据海洋环境特征划分海域，以各海域中海洋污染控制、资源管理、生物及栖息地保护的相关框架协定为基础，制订行动计划，将以海域为单位的区域性海洋计划与保护整个地球海洋环境的计划相连。计划内容由各海域相关国家协商决定，并制定了包含实施细则的议定书。

目前实施了区域性海洋计划的包括地中海、黑海、科威特（波斯湾）、西非及中非海域、东非海域、东南亚海域、东亚海域、太平洋东南部、红海及亚丁湾、南太平洋、大西洋西南部、加勒比海、波罗的海、北大西洋等17个海域。成员国超过140个国家及地区的新计划已部分完成或正在制订中。

该计划将保护海洋环境的目标定得较高。区域性海洋计划将关注的焦点集中于某些海域的环境问题，特别是减少污染、保护自然环境和海洋生物所需的综合性措施，各海域的区域性协定明确了相关各国的保护责任，最终达到保护全球近海环境的效果。但遗憾的是，联合国环境规划署对各海域的直接财政援助很少，大多仅依赖成员国的资金支持，因此活动资金不足。迄今已有4个海域的相关国家签订了海域与海洋生物保护议定书，有3个海域的相关国家通过了防止陆源物质污染海洋的议定书。

3. 海洋保护区

海洋保护区的设立是《生物多样性公约》缔约国会议的议题。目前急需保护的海域与生物栖息地通常在某一国家的管辖范围内，是否保护以及如何保护完全由该国决定。面积最大[①]且最著名的海洋保护区是澳大利亚的大堡礁海洋公园。虽然没有国际法律明确规定拥有珊瑚礁的国家需承担保护珊瑚礁的义务，但联合国环境规划署、世界自然保护联盟、水生生物资源管理国际中心（ICLARM）、联合国教科文组织的政府间海洋学委员会（IOC）等机构，在积极宣传珊瑚礁保护的重要性的同时，推进与珊瑚礁有关的教育启蒙及保护工作。

1994年召开的《生物多样性公约》缔约国第一次会议，旨在阻止

① 译者注：目前，世界上最大的海洋保护区是罗斯海地区海洋保护区。

珊瑚礁及其他海洋生态系统（红树林、海草床、海藻场等）的全球性衰退并恢复其健康的状态，发表了《国际珊瑚礁倡议》（ICRI），目前已召集了包括美国、日本、澳大利亚等国以及国际开发银行，环境相关的非政府组织及其他民间机构。《国际珊瑚礁倡议》的组织之一是“全球珊瑚礁监测网络”（GCRMN）。全球海洋被划分了17个海域，各海域相关的政府、组织、科学家之间通力合作，收集与珊瑚礁有关的数据，研究珊瑚礁生态系统的保护方法并实施。活动内容也包括对所在地居民进行海洋环境保护的启蒙教育。

联合国教科文组织推进了人与生物圈计划（MAB），将世界各地代表性生态系统的保护活动连成网络。海洋保护区的设立有必要与人类经济活动相协调，不能无限制地扩大保护区。为了兼顾资源的可持续利用与生物多样性保护，人与生物圈计划的理想模式如下：在海洋保护区的核心区最大限度地限制人类活动，不允许包括研究在内的任何方式的开发，使之成为严格的自然保护区。在核心区的周边，可进行研究、教育、观光等活动，设置国家公园等缓冲地带，人类能在保护自然环境的同时，享受与自然的接触。尽管人与生物圈计划提案中的保护区的利用方法基本上与保护区的设立目的相一致，但实际上没有哪个保护区按照该模式实施，特别是设在沿岸及大洋海域的保护区[6]。

在1972年的大会上，联合国教科文组织通过了《世界遗产公约》，认定世界上卓越且具有普世价值的文化及自然遗产，并在国际合作的基础上寻求保护。截至2005年已有180多个国家及地区加入该公约，认定了约160处自然遗产，包括大堡礁、鲨鱼湾（西澳大利亚州）、图巴塔哈群礁（菲律宾）等海洋公园。日本的知床半岛于2005年与加利福尼亚湾及柯义巴岛国家公园（巴拿马）一同被认定，其沿岸3千米以内的海域均被纳入保护范围，但并未对这些地方的海域保护和发达的渔业活动进行协调。世界遗产委员会的正式咨询机构世界自然保护联盟指出了缺乏涵盖陆地与海洋的综合管理计划这一问题。今后，对阻碍知床半岛鲑鱼生殖洄游的100多个防洪、防沙堤坝等工程的拆除工作，将在国际社会的严格监督下进行，借此恢复当地的生态，从而展示其作为自然遗产的真实风采。通过"与人类共存"等美丽辞藻的宣传，以获得地方政府资助及增加游客为目的的遗产认定其实是在破坏自然。

对湿地的保护主要体现在《拉姆萨尔公约》上。1971年，该公约在伊朗拉姆萨尔举行的湿地及水鸟保护国际会议上获通过，它是从环保角度签署的多国间环境公约的先驱，以促进国际上重要湿地（尤其是水鸟栖息地）及其中的动植物的保护，以湿地的"明智利用"（wise use）为目的。公约中提到的"明智利用"这一理念是从现在应用广泛的"可持续利用"（sustainable use）发展而来的。

《拉姆萨尔公约》并非将湿地列为限制人类进入的严格保护区，而是贯彻"明智利用"这一基本原则。该公约的146个缔约国（截至2005年）均拥有至少一处国际重要湿地。一旦湿地被列入

《国际重要湿地名录》，所属国就有义务推进对湿地的保护、合理利用及管理，并在每3年一次的缔约国会议上报告其保护状况。在1999年召开的第7次缔约国会议上，该公约大幅更改了包括水鸟在内的珍稀动植物的种类、数量评估等湿地重要性的标准，将生物及地理上的代表性湿地作为生物避难所的湿地也包含在内，更加重视生物多样性的保护，并决定将列入《国际重要湿地名录》进行保护的湿地增加到2 000多处。该公约有效保护了海洋沿岸生态系统。

目前，在日本得到《拉姆萨尔公约》认定湿地（海滩）包括厚岸湖的别寒边牛湿地（北海道）、谷津海滩（千叶县）、藤前海滩（爱知县）、串本沿岸海域（和歌山县）、中海（鸟取县、岛根县）、宍道湖（岛根县）、漫湖、庆良间列岛海域、名藏网张（冲绳县）等9处。

4. 日本、美国的海域保护与管理

日本将海洋公园设在国家公园或“准国家公园”的区域中，以景观优美的海域为选择标准，目前共指定了64个地区的142处海洋公园，总面积2 754公顷。这些海洋公园的面积较小，即使面积最大的小笠原海洋公园（内设7处）也只有463公顷，其他的多在20公顷以下，与面积为1 372 700公顷的美国加利福尼亚州的蒙特利湾国家海洋保护区相比真是相形见绌。因此，日本的海洋公园即使能保护有限的景观环境，也难以保护生态系统及生物多样性。在指定区域中进行渔业活动也是被许可的，甚至有的海洋公园的设立单纯为了发展旅游业。公园的主管部门是日本环境省，与欧美各国国家公园制度的管理效果悬殊。日本相关部门另辟路径，认为在国有土地以外的区域设立海洋公园也是“不受限制”的，想以联合国教科文组织认定的世界自然遗产标准及日本制定的《自然再生推进法》为依据重新定义国立公园制度。然而，国家相关部门并没有土地所有权或管理权，而需要与陆上的土地所有者及海上的渔业组合合作，因此保护工作的开展绝非易事。

2003年，日本政府为了恢复遭受破坏的生态系统及其他自然环境，开始实施《自然再生推进法》。该法律通过组织行政机构、居民、非政府组织、专家等进行自然环境的恢复，致力于江河、湿地、海滩、海藻场、山林、农地、森林、珊瑚礁等自然环境的保护、恢复、营造及维持管理。其基本理念是在进行自然环境恢复的地区了解环境的特点，养护自然环境，为环境的恢复创造条件，提高该地区环境的品质，恢复生物多样性。

该法律的目标是为自然恢复创造条件，而不是使用人为方法修复。然而，应该如何评价经过漫长的恢复时间，作为对环境产生慢性压力的人类活动的减少程度？这个法律不是仅停留在条文或行动层面，而是以实际效果进行评价。

美国在1972年制定了《海洋保护、研究及自然保护区法》（1992年更名为《海洋保护区法》）。该法律指定了具有资源及其他价值而值得保护及开发的重要海域，实施管理、限制、科学调查、监测等，为民众环境教育启蒙提供场所，可进行复合利用。美国国家海洋与大气管理局按照计划设立了国家海洋保护区，以海岸生物多样性最丰富的蒙特利湾国家海洋保护区为典型，目前共设立了13处，还有几处作为候选。这些国家海洋保护区的划定，常源于其中生物的重要性，近年设立海洋保护区的面积加大成为趋势。

美国每一处国家海洋保护区都成为对沿岸进行综合管理及有效利用的试点。国家海洋保护区的管理需得到所在州的配合，但很多州并不赞成限制人类在保护区内的活动，这对保护区是最大的威胁。例如，佛罗里达群岛国家海洋保护区就受到不动产开发及垂钓活动等方面的威胁。为此，2005年美国海洋保护区咨询委员会对商务部及内务部发出了关于确立与管理海洋保护区全国体系的建议。

美国另一项沿岸区域管理法规是1972年颁布的《海岸带管理法》（CZMA）。该法对沿海各州开发与管理海岸带所制定的规范提出了建议，列出了包括有价值的自然环境及珍稀生物栖息地在内的保护区、泄洪区等用于防灾的区域及地下水保存地。各州应制定与国家法律相一致的土地开发规定，以保护这些区域。在《海岸带管理法》颁布后，许多州制定了沿岸区域管理计划，并得到了联邦政府的批准。联邦政府也提供了资金支持，用以购买保护残存的天然滩涂所需的土地。

五、海洋污染

海洋污染的控制与清除对保护生物多样性是必不可少的，包括水域管理、沿岸区域综合管理、地区海洋计划的实施等重要内容。因此，海洋污染成为许多国际公约及国内法的管控对象。

1. 源于海上的污染

1972年生效的《伦敦倾废公约》（LC72）应对陆地向海洋排放污染物的问题，附件1中的“黑名单”列出了大量禁排的污染物。对于附件2中所列出的污染物，只有所在国的监督机构认定其对海洋环境不构成威胁，并得到特别许可后才允许倾排。

如果废弃物所含的物质未被列入以上公约名录，仅需要一般性许可即可倾排。工业废弃物、污水淤泥、轮船上焚烧后的废弃物、以倾倒为目的运到海上的其他废弃物，最初仅需通过一般性限制即可倾排。缔约国经多年的协商，增加了禁止向海中倾排的废弃物的种类，包括低放射强度废弃物（高放射性物质一开始就被列入黑名单）、海上焚烧的废弃物、工厂废弃物等。

该公约允许倾排的潜在污染性废弃物包括疏浚物、下水污泥等。条约曾严格禁止使用“倾倒（dumping）”一词。缔约国从一开始就对“倾倒者俱乐部”这一称谓非常介意。现在源于海洋的污染仅占整个海洋污染的不到20%，这很大程度得益于该公约对这类污染的有效限制。有相当影响力的国际海事组织参加了起草过程，并推动了该公约的签署。该公约的磋商过程虽是独立进行的，但国际海事组织不胜其烦地帮忙，一些非政府环保组织，特别是绿色和平组织也功不可没[7]。

还有一个防止船舶污染的条约是《国际防止船舶造成污染公约》。

该公约就油污泄漏及故意在海上丢弃货物、废弃物等行为设置了规定，附则中列出了5种污染：① 油类及油性混合物污染；② 散装有毒液体污染；③ 包装的有害物质污染；④ 船舶生活污水污染；⑤ 不能分解的塑料类垃圾。为减少油性废弃物、下水污物及垃圾的丢弃，并防止有毒货物的丢失，该公约采取了特别的预防措施，同时，也禁止丢弃塑料垃圾。国际海事组织的海洋环境保护委员会对该公约在制定过程中出现的问题提出了建议，该组织也督促在所有港口设置废弃物收集设备。

海洋环境保护科学联合专家组是由若干联合国机构共同设立的专家（主要是科学家）小组，为联合国各机构的成员国提供海洋污染问题的法律处理方法及建议。海洋环境保护科学联合专家组在小组委员会中组建了工作组，并起草了有关讨论内容的报告书[8]。

在阿拉斯加威廉王子海峡发生了骇人听闻的艾克森·瓦尔迪兹号石油泄漏事故之后，美国趁机于1990年颁布了《石油污染法》。该法律规定对类似的石油泄漏事故严格追究法律责任，及早采取净化对策，并尽快启动赔偿工作。该法律的目的是让石油公司承担更大的责任和赔偿金额，从而降低今后石油泄漏事故的发生频率。

2005年以来，欧盟针对船舶造成的海洋污染，无论发生在沿岸海域还是公海，都一律采取严格惩罚的应对方式。

2. 源于陆地的污染

海洋污染中约80%源自人类在陆地上的活动。针对陆上引起的海洋污染，人类虽制定了地区性海洋协定，但还没有建立全球规模的综合性协议。《保护海洋环境免受陆上活动污染全球行动方案》为了减少源于陆地的污染，要求开展国家、地区、国际等多层次的行动，采取多种对应方案。其中最有影响力的是1998年召开的“拟定关于持久性有机污染物的制造与使用的条约”的会议，该会议提议禁止生产及使用常用的12种持久性有机污染物。

目前存在2个关于持久性有机污染物的跨境迁移问题的公约。

一个是1989年的《巴塞尔公约》，禁止有毒废弃物的跨境转移，包括经济合作与发展组织（OECD）成员国向非成员国（即发达国家向发展中国家）以处理及循环为目的转移有毒废弃物。另一个是1979年北半球发达国家签署的《控制长距离越境空气污染公约》（LRTAP），以减少有毒物质向大气排放为目的，针对硫化物、挥发性较高的有机化合物、氮氧化物及持久性有机污染物等污染物的排放分别制定了协议书。

六、发展中国家项目开发援助与贸易

对环保相关的财政制度的介绍虽不是本书的主要内容，但我们至少要了解这些制度对保护地球环境及海洋生物多样性的重要意义。世界银行、美洲开发银行、亚洲开发银行等国际银行从发达国家融资给发展中国家，用于特别的项目计划。相关各国均为各银行成员，提供资金的富裕国家的政府派出代表参加投资协商会议。按说本应是由借款国提交需要资助的项目计划，但实际上却是由资金提供国发布资助计划。

迄今，此类开发银行与日本国际协力机构（JICA）、美国国际开发署（AID）等发达国家的发展援助机构对发展中国家的发展计划进行无偿或有偿资助，但是导致发展中国家严重的环境破坏及生态系统恶化，因而遭到非政府环保组织及民众的强烈抗议。因此，这些开发支援机构不得不设置环境部门，在项目计划中设定了环保标准，标榜“将环境保护放在首位”。但实际上这些做法并未达到理想的效果。相关国家应对可能造成环境破坏的发展项目进行监督，建立能听取不同意见的协商体系，对环保给予更多的关注。

造成环境问题的常是那些优先建设的堤坝及污水处理厂等项目。这些项目具有规模大且需要大量资金及先进技术的特点。

项目越大，产生的收益也越大（不仅对投资方）。小型项目即使实际上已足以满足需求，也会被扩建成大型项目。以生活污水处理为例，整治海滩、建设混合肥料型厕所等事半功倍的方式比专门建造庞大的处理厂能更有效地控制用水量、处理污水，而且就地处理废弃物也是最便捷的。当项目被扩建为大型焚烧炉之后，各类其他垃圾都被运过来处理；有些地区在建成生活污水处理设施之后，甚至鼓励将工业废水也排放到下水道中。

项目建设的首要目的是促进经济发展与国际贸易，而不是为提高发展中国家人民的生活水平，这也是造成环境恶化的一个原因。例如得到经济支持而发展起来的利润较高的鱼虾养殖业，其产出主要为供应国际市场，并没有满足当地人民的日常所需。另外，沿岸海水养殖业可造成诸多环境污染问题，相关海域生物多样性受到很大威胁。

和大多项止不同，也有一些国际融资机构专门为改善发展中国家的环境而开展有益的项目。例如由联合国开发计划署、联合国环境规划署及世界银行合作建立的全球环境基金（GEF），通过赠款而非借贷的方式资助4个领域的环保项目，包括生物多样性、气候变化、臭氧层减少及公海管理。全球环境基金是《生物多样性公约》会议主要的资金提供方。各国政府都可作为全球环境基金的成员参与政策制定及管理，全球环境基金鼓励发达国家提供资金。目前，全球环境基金优先进行的课题包括控制陆地活动对海洋的污染（如控制导致海洋污染的陆地开发项目等）、防止海域环境恶化、管控滥捕或过度开发水产品、控制源于船舶的化学污染、限制外来物种入侵等。本书著者目前参加了作为全球环境基金-世界银行项目之一的珊瑚修复工作组，进行国际合作研究与发展中国家的人才培养。

为消除商业活动对物种及生态系统的危害而制定的美国国内法

律常与国际贸易协定相冲突，其中《关税及贸易总协定》（GATT）与《北美自由贸易协议》（NAFTA）两大国际贸易协定就是典型例子。有些捕捞方法可对海豚造成威胁，用这种捕捞方法捕获的金枪鱼被美国列为禁止进口的对象，而《关税及贸易总协定》将美国的这一做法视为不公平的贸易行为。前述的地区渔业组织的各种规定在被整合到世界贸易组织（WTO）之后，也可产生相容性的问题，因此美国主张在国际贸易协定中增加内容，明确成员国应遵守环保相关的国内法律[9]。

七、非政府组织的作用

为促进有益于可持续发展及生物多样性保护的计划、法律与政策的制定与实施，非政府环保组织在民间、国家乃至国际层面进行了长期的斗争，它们的不懈努力终于改变了国内及国际政策。美国国务院负责地球环境问题的副国务卿对组织了“在人类欲望与支撑所有生命的地球容许量之间保持公正而可持续的平衡”活动的非政府组织做出如下评价：“联合国环境与发展会议的‘功臣’不是各国政府，而是决定会议议题、制定《21世纪议程》等文件的非政府组织。如果没有他们的工作，这些文件是不可能完成的。”[10]

这些非政府组织的主要作用包括对市民及政府官员的教育科普、政策分析、为制定并实施有效的环保政策和法律及国际协议而发起市民运动、代表市民对环保相关法律及达成的国际共识进行监督，等等。如今，在生物多样性保护领域，非政府组织的教育与科普作用对顺利推进法律的执行与公约的制定已经是不可缺少的了。

若干非政府环保组织向决策者提供了关于生物多样性、渔业、养殖业、海洋污染及沿岸开发的宝贵的调查资料。一些国家在政策制定时将这些报告作为最可靠的参考材料。另外，非政府组织也针对一些国家政府，积极促进改善整个环境特别是保护海洋生物多样性的政策法规的出台，努力使政策向有利于环境保护与资源可持续利用的方向转变。

但在非政府组织的目标中，已经完全实现的并不多。即使国家及国际制定了有效的政策与法律，对实施这些政策及法律的监督工作也让非政府组织忙不过来。根源在于产业界对环保政策及法律的抵触，相关部门及官员也对新法规的实施持消极态度，拖延其实施。例如，在生态环境严重恶化的海洋中作业的渔民或沿海百姓，比仅凭数据进行判断的一些研究人员及决策者，更有切身体会，因此他们在监督环境保护政策的实施上发挥了与国家或国际性组织等同或更重要的作用。

国际上有影响的非政府环保组织包括世界野生生物基金会（WWF）、绿色和平组织、地球之友等，它们各自向相关公约召开的会议及国际机构会议派出观察员。另外，还包括全球性组织——世界自然保护联盟。世界自然保护联盟的会员不仅包括主权国家政府，还包括非政府组织。该组织的观点较稳妥，对国际问题很有影响力。世界自然保护联盟通过发表声明、出版物及参加国际论坛等形式推动生物多样性的保护。

在成熟的市民社会，非政府组织成为政府与公众之间的纽带，并将公众关心的问题提升到国际协商的层面，发挥越来越重要的作用。

第8章 我们的使命 我们能够保护生物多样性和生态系统吗?

抹香鲸和大王乌贼邮票
(南乔治亚，1963)

自然环境得到很好保护，栖息地越多样，适应并栖息于此的生物种类就越多。生物群落的构成即使在自然发生扰乱下也不会轻易崩溃。即使某物种个体数减少，别的种也可取而代之，物质循环经食物链能顺利进行，生态系统保持稳定。但目前由于人类活动的干扰，生物多样性下降，生态系统丧失了自我修复能力，物质循环受阻，生态环境恶化，生态系统难以恢复。在漫长的地球历史进程中形成了生机盎然的、健全的海洋生态系统，而且它具有恢复能力。然而，当生态系统恶化时，人们才注意到并试图修复，但为时已晚。这需要几乎不可能完成的大规模修复。

陆地与海洋生态系统支撑了地球上的生命，我们人类自身也赖其生存。虽然地球上生物多样性所受的威胁从各方面显现出来，但人类至今依然任意胡为，继续着为满足自身欲望而对生态系统进行压榨，仿佛自己可以置身其外似的。为停止这种行为而改变生活方式的道德观尚未形成。保护环境、阻止生物多样性下降的努力就如同对伤口的应急处理，人类又经常好了伤口忘记疼。“救救地球”“环境意识”等宣传虽然对提高人们的环境意识有所帮助，但实际上对自然的保护也只是“聊胜于无”。即使是知名的环境友好商品，如果考虑到宣传所需的消耗，对地球环境是否无害也尚存疑问。

人类要舒适地生活，产业活动与资源开发的重要性不言而喻。然而毫无疑问，从长远角度保护地球上多样的生物相也能丰富人类的生活。我们能否保护地球上包括我们自己在内的生命，取决于人类的态度。我们应将逐利的人类活动限制在对生物及其所处环境不造成无可挽救的破坏的范围内，但如何科学评价这一范围并进行预测极其困难。我们应感谢孕育了如此丰富多彩的生命的大自然，这是自然给予人类的恩惠。人类活动造成的环境的局部改变，其影响可能波及其他生态系统乃至整个地球。我们不要为了追求富裕的生活而事与愿违地给子孙留下恶果。这是我们必须承担的义务。

生态系统虽然复杂，但实际上却保持着极好的平衡，并在绝妙的平衡中发挥其功能。这不是人类能制造和控制的。我们应具有更加重视自然的价值观与保护健康海洋的责任感。我们必须恢复自然界原有的和谐，以免在所有生命都被破坏的世界中孤独存在。这需要强有力的领导意识与科学理念。换言之，真正的领导应从人民中产生，其理念能引领新的价值观。非政府组织与非营利组织的活动通过网络不断壮大，能将世界人民动员起来。我们要将绝不破坏“宇宙飞船地球号”发展为人类的共同理念，面向未来，参与到环保实践中。人类必须改变现在的生活方式，否则就不能保护海洋生物。恶化的环境将使地球一片荒芜，最终也将造成经济的重创。本书虽重点关注海洋生物多样性，但也适用于地球上所有的生命。

一、悬崖勒马

科学家注意到了地球上生物多样性急剧下降的严重性。他们不断进行“现在地球大规模的环境变化影响了物种构成及生物多样性，以致改变了生物圈功能”的宣传，并在各地推广“为了保护地球你能做的10件事”“4个R环保理念，即采取Refuse（拒绝浪费）、Reduce（降低）、Reuse（再利用）、Recycle（循环利用）的措施”等。“不以恶小而为之，不以善小而不为”等宣传使人们意识到对自己的行为负责是多么重要。的确，对垃圾分类、不向海洋及江河中泄漏石油等污染、选择合适的洗洁剂、节能生活等，每个人对细节的留意都可极大地保护海洋环境及生物。我们现在需要做更多的努力。为了保护地球上的生态系统与生物多样性，我们必须在认识到严峻的环境状况的基础上，摸索新的生活方式，根本改变经济发展最优先的价值观，实现社会发展方式的变革。

大众沉醉于欧美资本主义的生产、流通、消费体系中，政治上推行民粹主义，经济上以市场经济原理为基础，对环境及生物多样性问题在其濒临无法挽救的境地之前采取敷衍、漠视的态度，这正是笔者最为担忧的[1]。

局部生态系统的恶化可引起全球环境变化的连锁反应，最终有可能失去人类及其他生物赖以生存繁衍的自然环境。这点我们都已意识到了。生物多样性的下降对政治家及企业家而言，虽也是无法回避的问题，但常与今后可改善的公害问题、核扩散问题、经济问题等同看待。的确，当今人类面临的若干问题可在2到3代时间内，或者如有必要，甚至可用更短的时间加以解决，所以才有了“留待后人解决”这种不负责任的论调。但物种灭绝及生物多样性的降低与这类问题本质不同。人类无法创造自然，但人类对此还没有认真思考。

决策者在生物多样性降低的程度还没危及有政治影响力的富人们的健康并引发经济问题时，不会认真对待。在之前的美国总统选举中，布什和克里都很少提及环境问题。电视、新闻等媒体对环境问题也漠不关心。相较环境问题，美国选民更关心道德问题、经济及恐怖威胁，反映出美国社会对世界环境问题的漠视。实际上发达国家的国民已通过技术免于遭受环境恶化的威胁，因此他们认为自己得到了保护。但我们不应忘记其他依赖自然生活的人们——包括众多的原住民及渔民等。他们早已领教了环境恶化的可怕，等人们明白后果之严重时已无法挽回。

若没有新的价值观的确立及社会整体的变革以及道德观与使命感的提升，环境保护与生物多样性的保全是不可能实现的。为此达成的协议与法制建设比科技的作用更大。虽然如此，科学家也可提出环保课题以促进协商与协议的达成，并提供环境保护与修复的方案，进而推广保护、保全的理念，为全社会意识到环境危机的实际情况发挥作用。

在科技飞速发展的今天，科学家们取得了诸多发现及各种发明，但对于生态系统与生物多样性，还有许多未解的问题。科学家本来需对公众进行深入浅出的说明，采用正确的实验方法验证假说以解释自然现象，但这些受过专业训练的科学家们却对这些环境问题保持沉默。

即使是未被证实的假说，我们也可通过列举所掌握的实例，从各种旁证中推断出结果，具有专业知识、掌握更多信息的科学家应毫不犹豫地发声。生物多样性的状况一旦恶化，人类即使采取措施恐也为时已晚。科学家需要有担当、有勇气地敲响警钟，更需要建立警钟在决策中能发挥作用的管理体制。

为了改变忽视生态系统状况的官员们的想法，学术界应与经济学界一起计算“大自然的恩赐”的经济价值，使决策者认识到保护生态系统、物种及栖息地的重要性。长期以来，未能唤起市民及政治家关注的环保人士，对健康状态下大自然的恩赐以金钱进行衡量的方式一定感到欣慰。但是，无视自然在道德及精神层面的价值，仅对其进行经济及科学上的量化，并据此做出的决定恐怕也是不可取的。

自古以来，日本人相信海洋、森林、泉水中居住着神灵，对祖先留下的恩惠心怀感激。日本这种崇拜自然的观念在禅僧山田无文（1900—1988）的和歌“人们依偎在伟大自然的怀抱中，可通过今朝晨风的凉爽知晓”中形象地表现出来。人类在世界上并不是孤独的存在。伟大的自然片刻不离地守护并养育了人类，连流动的空气都是大自然的恩赐。人类就是这样享有着大自然的赐予，心怀敬畏与自然和谐相处。对日本人而言自然就是神。这是与西方国家及伊斯兰世界的自然观完全不同的，而这种精神文化或许是护佑地球及生命的关键。

Wilson E O对环保之路做了如下描述：“在对一些重要问题尚无头绪时，人们的疑问主要源于一些固有的理念。随着对它们逐步了解，人们将注意力转移到相关信息与知识上。而当人们最终充分理解自然之后，人们开始反思这些固有的理念，进而建立新的价值观。环保目前尚处于从第1阶段向第2阶段转变的过程中，最终将向令人期待的第3阶段转化。”[2]

目前，环保处于以科学为依据进行决策的阶段。为了使之向建立新的价值观的第3阶段（即科学给予我们信息但并不替我们做决定）发展，我们还需要努力。环保迈向第3阶段的道路还很漫长，至少比Wilson认为的时间更长，但不能放弃努力与希望。

二、致知力行

在关于生物多样性的国际会议上，环保等经济效益见效较慢的行业因产业界的游说而被排挤，难以进入政策提案；环保法案即使出台也不一定能贯彻落实。然而，生物多样性等地球环境问题关系到人类生存的根本。即使在科学取得巨大进步的今天，生态系统及生物多样性领域也还有许多未知的问题。人类虽然并不清楚地球环境正在发生着什么，但是地球自生物诞生以来已历经38亿年，现在已将决定自己命运的钥匙交给了人类。发达国家的人们虽享受着富裕的生活，有较长的寿命保障，但这些是建立在破坏自然环境、剥夺其生产力、消耗大量资源以满足人类私欲的基础上。人类对眼前利益的追求将导致更大的损失，我们必须加以预防。

生物多样性的保全及环境保护的不二之选是切实将预防原则作

为基本理念，使之成为政策制定的依据。

该理念认为，对人类在漫长历史中形成的传统、经验及知识等信息进行综合分析，若结果显示人类活动确实可危及生态系统，即使该因果关系尚未完全得到科学验证，人类也应采取预防措施。

这种理念已在前述的《21世纪议程》《生物多样性公约》《伦敦倾废公约》和《联合国公海渔业协定》中得到体现。但实际上人类直至今天也没有真正贯彻执行这些条约。如果将预防原则应用到有约束力的规范及法规中并得以实施，那么还会有更多对环保及人类福祉有帮助的国际条约与国内法规。如果人人都能在日常生活中自觉遵循预防原则，人类就能发挥其在生态系统中的领导作用，人类保护自然环境的能力将以更佳的方式得到发挥。如果预防原则能应用到从国际协定到个人行动的所有层面，它将成为保护环境及生物的黄金原则[3]。

针对环境恶化的问题，一些国家常以经济能力、科学根据不足、结果无法预测等为借口，不采取相应的对策，因项目开发造成环境破坏的责任人及决策者得以免于责任的追究。如果依据预防原则进行判断及处理，我们本可避免许多问题的发生。对于经济落后、没有能力进行环境保护等基础研究的发展中国家，发达国家应在资金及技术方面给予支援。同时，我们不能赞同某些国家不采取必要对策保护自然环境，生产低价、高污染商品以提高其竞争力的做法。另外，对于那些无法控制人口增长的国家，养殖外来种出口的国家，大规模污染没有具体边界的大气与海水的国家，国际社会有必要采取国际干预措施，对其产品采取不购买、不使用的对策，同时，也不出资援助它们的企业。为使人类在人口不断增长的“宇宙飞船地球号”上平等生活，所有人都应认识人类面临的问题并积极应对。

预防原则的根本是道义层面的，是保障现在及将来人类所需资源的责任。我们应对自己的生活方式负责，不要将问题留给下一代。Wilson及Myers发出了“未来的人类不会原谅我们使那么多物种灭绝的行为”的警告，强调了我们现在应立即采取行动的重要性[4]。

三、继往开来

依据预防原则，虚心向自然学习，将我们的生活方式转变为与时代同步的、与多彩生命世界共存的生活方式。人类应不断革新生产技术，反思现有的市场经济机制，在自然无法承受之前停止对资源的榨取及对环境的破坏，减少对地球生态系统的压力。这不仅需要决策者做出正确判断，也要求整个社会在环保教育方面做出努力。英国生态学家马里亚斯在华盛顿演讲时呼吁我们“应站在地球整体利益而不是单纯人类利益的立场上对地球资源进行开发利用”。

在地球总面积148.9亿公顷的陆地中，32%是耕地或牧地，27%是森林，剩余的40%以上是不毛之地。在长达7 000年的农耕历史中，人类反复耕作表土，不断剥夺着土壤的生产力，从而世代繁衍并孕育了文化。近代随着化肥及农药的使用、大型机械的发明、品种改良技术的进步以及灌溉面积的增大，粮食产量取得了飞跃性的增长，使人类摆脱了饥饿。但近代农业的发展严重依赖化肥的使用，否则就无法避免土壤生产力的下降，而农药对周边环境的负面影响显而易见，无须赘述。在世界各地，过度的森林采伐、家畜饲养以及大量抽水灌溉加重了土地的盐碱化及沙漠化。从中国大陆飘到日本列岛的黄沙的量每年都在增加。

海洋是现今最适合立即应用预防原则进行保护的地方。原因在于，除了若干沿岸生态系统以外，大多数海洋生态系统还有机会得到挽救。人们可能还不十分了解我们的生活与海洋生物多样性的紧密关系以及海洋生态系统功能的重要性。

关于生物多样性，我们所能做的，一是更好地了解生物多样性与人类的关系，这也是著者撰写本书的缘由；二是发展环境科学与保护生态学，增加生物保护区的数量和面积，提高管理水平，发展不会招致自然环境破坏及生物多样性下降的渔业及养殖技术；三是振兴生物分类学科。

分类学是生物学的基础。地球上有多少种生物？各自是如何生栖的？哪些种濒临灭绝？只有受过专业的观察与生物鉴定技术训练、尝试向自然学习的科学家才能肩负起生物学的未来。生物多样性的研究基础是专家对物种的专业分类及种鉴别的相关知识与方法，但分类学本身在20世纪70年代之后迅速衰落，国际上也重点关注分子生物学及其应用领域，忽视了对分类学研究人员的培养。因此，生物分类领域的专家不断减少，专业断层日趋明显。优秀的分类学家需要长时间的培养及周围的理解与支持。

除了上述3点，我们还需要进行长期、深入的环境与生物多样性的监测与调查。监测点必须覆盖全球，且监测必须持续进行100年以上。另外，我们必须构建海洋定期“体检”的信息库。为使所有人都对海洋有充分了解的途径，我们有必要建立能方便获取相关信息的系统。

渔业生产需要我们在认真考虑渔业对生物群落整体影响的基础上，建立使渔业对象种类可持续利用的管理制度。以往在东南亚及大洋洲的渔村中，人们以传统的知识及禁忌为基础建立了渔场轮番制、禁渔区、渔获物平均分配的社会平均分配制度，保护了渔场及资源。现代资本主义制度改变了人们传承的智慧生存方式，现在有必要对西欧型资本主义及其生存方式进行反思。30年前在骏河湾捕捞正樱虾的渔民为了保护这一资源，通过协商，并听取了本书其中一位著者的建议。在缺乏关于资源变化趋势的充分科学依据的情况下，当地渔民引入预防原则，限定每年的渔获量，实行收入的平均分配制，从而避免了在狭窄的海湾内对有限资源的争夺及资源枯竭。正樱虾的可持续资源量得到维持，现在已成为全日本广受欢迎的知名海产品[5]。

浅海游泳是很有乐趣的运动。十几年前，我们随处都能亲近大海，踏进清澈的海水，呼吸清新的空气，在没膝的海水里捕捉小鱼、小蟹。但如今即使在远离都市的海岸，道路及护岸堤堆满了防堤用的四脚砌块，隔绝了陆地与海洋。即使在沿海城市，人们也难以近距离接触到大海。由于互联网的发展，人们沉迷于虚拟世界中，在无意识中逐渐远离了自然。与此相关，不进行实地调查、闭门造车的海洋科研人员也在逐渐增多。自然科学的基础是对自然的敬畏与热爱，绝不是为了论文发表。每当看到完全不了解真实的海洋及其中生物的状况，却整天关在实验室中以分析仪器测定或构建复杂的生态系统模型，但不知道为何会产生这样的结果、问题到底出在哪里的研究人员，笔者就非常担忧。现代科学经常是仅凭思考并转换成数字即可判断，但我们希望以海洋生命为研究对象的科研人员能认识到亲身观察及感受自然与生命变化的重要性。

推动世界发展的不是决策者所做出的自上而下的指令，而是为了保护生物多样性与实现社会可持续发展的无数底层人民的行动。笔者认为这些行动可促使政治家及官员推行更好的政策，构建具有睿智企业家的成熟社会。在论述环境问题时，斯坦福大学生态学家Ehrlich P R和Ehrlich A H夫妇的“人类是在对自身无法应对的长期‘趋势’缺乏关注中进化来的”悲观言论常被引用，但我们不能放弃希望。虽然人类尚未被逼到毫无退路的绝境，但我们如果放任生态系统及生物多样性危机继续恶化，将导致贫困及社会道德的危机，最终将造成任何生物都无法生存下去这样严重的事态。为了避免危机的发生，我们每个人都必须负起责任并付诸实践。

后记

在大学工作退休之前，我将之前的有关海洋生物多样性和环境问题的论述及已发表的小论文等编辑成综述意欲出版。在日本，还没有此方面的书籍，而就陆地生物多样性和环境问题，从科学和政策两方面论述的著作也很少。正好在这时，在美国亚利桑那召开的学会上，发现了Thorne-Miller所著的*The Living Ocean*［岛屿出版社（Island Press），第二版，1999］。为其丰富的内容感叹、钦佩的同时，我很高兴地发现它与我正筹备的著作的构成很相似。其后在与斯克里普斯海洋研究所的缪林教授（已故）交谈时，我提到自己的构思已为他人先出版。缪林教授介绍说Thorne-Miller女士是位博学的科学家，而且也是一位优秀的环境保护运动家。

因此我抱着翻译出版*The Living Ocean*这部著作的目的，拜访了当时正在华盛顿的环境保护非政府组织（NGO）SeaWeb事务所做科学顾问的Thorne-Miller女士。这是2000年7月的事。第二年，我被邀请参加在华盛顿州召开的“关于预防原则的国际工作组”。我俩再次相见并面谈时，Thorne-Miller女士提出为了关心环境保护的日本友人，以我为主著者，她与我合著的建议。

本书以*The Living Ocean*为基础，加入我笔记中记载的科学与政策方面的新进展，反复斟酌两人的见解而写就。我作为长期观察“生命富饶的海洋”并被派赴国际机构参与海洋科学行管理的科研工作者，与站在NGO的立场深入参与到环境保护问题中的Thorne-Miller女士，两人对海洋生物多样性的见解终于合二为一。

全球尺度的生物多样性的下降和自然环境恶化的已经影响我们尚未关注的地方，大家不约而同地对最终可怕后果的发生感到忧虑，但要科学地综合证明此趋势是很困难的，因此人们还在犹豫是否采取行动。

本书就是要唤起市民和政策制定相关人员的注意，在全球尺度上，切实保护生物多样性和自然环境，从而成为日本乃至世界各国做出明确的环保决策的契机。

在执笔本书的过程中，从1998年到2000年获得了日本财团所资助的（财）日本科学协会“水行星项目研究会”的资金支持。另外，石丸隆（东京海洋大学）、加加美康彦（海洋政策研究财团）、高桥启介（环境省）、福地光男（国立极地研究所）、服田昌之（御茶水女子大学）和保坂美树阅读了部分或全部稿件，并给予了有益的意见。另外，插入的一些极美的照片是由高桥晃周、海洋研究开发机构（独立法人）、池田勉、河地正伸、田村宽、林原毅、桥本和正所提供。在此表示衷心感谢。

（大森　信）

简语一览（条约名和机构名等）

AEPS（Arctic Environmental Protection Strategy） 北极环境保护战略

AID（United States Agency for International Development） 美国国际开发署

AMAP（Arctic Monitoring and Assessment Programme） 北极监测和评估计划

CalCOFI（California Cooperative Oceanic Fisheries Investigations） 加利福尼亚合作海洋渔场调查

CCAMLR（Commission for the Conservation of Antarctic Marine Living Resources） 南极海洋生物资源养护委员会

CFCs（chlorofluorocarbons） 氟利昂

CITES（Convention on International Trade in Endangered Species of Wild Fauna and Flora） 濒危野生动植物种国际贸易公约 *1

CZMA（Coastal Zone Management Act） 海岸地区管理法

DMS（dimethyl sulfide） 二甲基硫醚

EEZ（exclusive economic zone） 专属经济区

EPA（Environmental Protection Agency） 美国环境保护局

FAO（Food and Agriculture Organization of the United Nations） 联合国粮农组织

GATT（General Agreement on Tariffs and Trade） 关税及贸易总协定

GCRMN（Grobal Coral Reef Monitoring Network） 全球珊瑚礁监测网络

GEF（Global Environment Facility） 全球环境基金

GESAMP（Joint Groupof Experts on the Scientific Aspects of Marine Environmental Protection） 海洋环境保护科学联合专家组

ICES（International Council for the Exploration of the Sea） 国际海洋开发理事会

ICLARM（International Center for Living Aquatic Resources Management） 水生生物资源管理国际中心 *2

ICRI（International Coral Reef Initiative） 国际珊瑚礁倡议

IMO（International Maritime Organization） 国际海事组织

IOC（Intergovernmental Oceaographic Commission） 政府间海洋学委员会

ISA（International Seabed Authority） 国际海底管理局

ITQ（individual transferable quotas） 个体可转让渔获量配额

IUCN（International Union for the Conservation of Nature and Natural Resources） 世界自然保护联盟

IWC（International Whaling Commission） 国际捕鲸委员会

JICA（Japan International Cooperation Agency） 日本国际协力机构

LC72（London Dumping Convention，1972） 伦敦倾废公约 *3

LMES（large marine ecosystems） 广域海洋生态系统

LRTAP（Convention on Long-Range Tranboundary Air Pollution） 长距离越境空气污染协议

MAB（Unesco's Man and the Biosphere Programme） 人与生物圈计划

MARPOL73/78（International Conventiono for the Prevention of Pollution from Ships） 国际防止船舶造成污染公约

MPA（marine protected area） 海洋保护区

MSY（maximum sustainable yield） 最大可持续渔获量

NAFTA（North American Free Trade Agreement） 北美自由贸易协议

NGOs（non-governmental organizations） 非政府组织

NMFS（National Marine Fisheries Service） 美国国家海洋渔业局

NOAA（Natioinal Oceanic and Atmospheric Administration） 美国国家海洋与大气管理局

NPOs（non-profit organization） 非营利组织

OECD（Organization for Economic Cooperation and Development） 经济合作与发展组织

PAHs（polyaromatic hydrocarbons） 多环芳香烃

PCBs（polychlorinated biphenyls） 多氯联苯

POPs（persistent organic pollutants） 持久性有机污染物

UNCED（United Nations Conference on Environment and Development） 联合国环境与发展会议

UNCLOS（United Nations Convention on the Law of the Sea）联合国海洋法公约

UNDP（United Nations Development Programme） 联合国开发计划署

UNEP（United Nations Environment Programme） 联合国环境规划署

USCG（United States Coast Guard） 美国海岸警卫队

WTO（World Trade Organization） 世界贸易组织

WWF（World Wildlife Fund） 世界野生生物基金会 *4

*1：濒临绝灭的野生动植物种的国际贸易相关条约

*2：现在是世界渔业中心（World Fish Center）

*3：防止废弃物及其他丢弃引起的海洋污染相关条约

*4：现在是世界自然基金会（World Wide Fund for Nature）

引用文献的著者名及发行年

■序

1. LEWONTIN R C, 1990.
2. WILSON E O and PETER M, 1988.

■第1章

1. COLEMAN N, et al, 1997; GAGE J and TYLER P, 1991; GRASSLE J F, 1989.
2. CARLTON J and GELLER J, 1993; GOULD S J, 1991; RAUP D M and STANLEY S M, 1978.
3. GRAY J S, 1997; RAY G C, 1988.
4. HOOPER D U, et al, 2005; STEELE, 1985.
5. CHAPIN F S III, et al, 1997.
6. CAIRNS J Jr and PRATT Jr, 1990.
7. HOLDGATE M, 1990.
8. LOVELOCK J E, 1979.
9. CHARLSON R J, et al, 1987; LINDLEY D, 1988.

10. SARMIENTO J, et al, 1988; TOGGWEILER J R, 1988.

11. BANSE K, 1990; FROST B W, 1996; SARMIENTO J L, 1991.

12. BIGG G, 1996.

13. World Resources Institute, 1987; WATSON R and PAULY D, 2001.

14. GRIBBIN J, 1988.

15. FENICAL W, 1996; Hay M E and FENICAL W, 1996; RUGGIERIG D, 1976.

16. COLWELL R R, 1983; FOX M, 1996; HINDER K, et al, 1991.

17. COSTANZA R, et al, 1997; MOONEY H A, et al, 1995.

■第2章

1. PIMMS L, 1984.

2. ANGERMEIER P L and KARR J R, 1994; GITAY H, et al, 1996; MOFFAT A S, 1996.

3. PIANKA E R, 1988.

4. HOOPER D U, et al, 2005.

5. DAYTON P K, 1992; MENGE B A, 1992; PAINE R T, 1966; RAFAELIL D and HAWKINS S, 1996.

6. MENGE B A, 1992.

7. DAYTON P K, et al, 1998.

8. DAYTON P K, 1998.

9. BURTONR S, 1983; GALLAGHER J C, 1980.

10. HATTA M, et al, 1999; National Research Council, 1995.

11. GYLLENSTEN U and RYMAN N, 1985; KLERKS P and LEVINTON J S, 1989.

12. SMITH P J and FUGIO Y, 1982.

13. BUCKLIN A, et al, 2003; GRASSLE J P and GRASSLE J F, 1976; National Research Council, 1995.

14. GAGE J and TYLER P, 1991; MALAKOFF D, 1997; National Research Council, 1995; Reaka-Kudla M L, 1997.

15. CHISHOLM S W, 1992; MOONEYH A, et al, 1995; POMEROY L R, 1992.

16. National Research Council, 1995.

17. BRIGGS J C, 1994; MAY R M, 1988; RAY G C, 1988.

18. BRIGGS J C, 1994; GRASSLE J F and MACIOLEK N J, 1992; MAY R M, 1994a; POORE G C B and WILSONG D F, 1993; REAKA-KUDLA M L, 1997.

19. MAYR M, 1994a; National Research Council, 1995; RAY G C, 1988; REAKA-KUDLA M L, 1997.

20. 西平守孝, 1998.

21. National Research Council, 1995.

22. SANDERS H L, 1968.

23. BEKLEMISHEV C W, et al, 1977; PIELOU E C, 1979; REID J, et al,

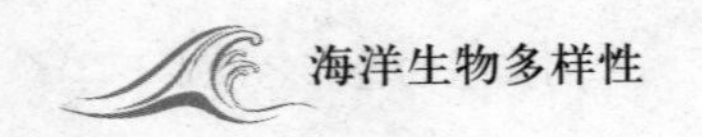

1978; VAN DER SPOEL and HEYMAN R P, 1983.

24. MORSE D E, et al, 1994; MORSE D E and MORSEA N C, 1988.

25. BLAXTER J H S and Ten HALLERS-TJABBES C C, 1992; COLWELL R R, 1983; MORSE D E and MORSE A N C, 1988; RUGGIERI G D, 1976.

26. ANGEL M, 1993; CLARKE A, 1992; CLARKE A and CRAME J A, 1997; HAWKSWORTH D L and KALIN-ARROYO M T, 1995; KENDALL M A and ASCHAN M, 1993; REX M A, et al, 1993; STEHLI F G, et al, 1969.

27. STEHLI F G and WELLS J W, 1971; VERON J E N, 1995.

28. ANGEL M, 1993; GRASSELE J F and MACIOLEK N J, 1992; KIKUCHI T and OMORI M, 1985; SANDERS H L, 1968.

29. National Research Council, 1995; NYBAKKEN J W, 1982.

■第3章

1. MCLUSKY D S, 1981.

2. BOESCH D F, 1974.

3. DEEGAN L, 1993; RAY G C, 1997.

4. National Research Council, 1995; SHORT F and WYLLIE-ECHEVERRIA S, 1996; WIEGERT R G and POMEROY L R, 1981; ZAITSEV Y P, 1992.

5. BOSSI R and CINTRON G, 1990; FARNSWORTH E J and ELLISON A M, 1997; FIELD C, 1995; RICKLEFS R and LATHAM R, 1993.
6. EPA, 1997.
7. DAYTON P K, 1992; UNDERWOOD A J and DENLEY E J, 1984.
8. PAINE R T, 1966.
9. ESTES J A, et al, 1998.
10. MOONEY H A, et al, 1995; RAFFAELLI D and HAWKINS S, 1996.
11. ESTES J A, et al, 1989; PAINE R T, et al, 1985; RAFFAELLI D and HAWKINS S, 1996.
12. GAINES S D and ROUGHGARDEN J, 1987; ROUGHGARDEN J, et al, 1988.
13. DAYTON P K, 1992; MOONEY H A, et al, 1995.
14. LEIGH E G, et al, 1984.
15. LEWIN J, 1978; RAFFAELLI D and HAWKINS S, 1996.
16. BRYANT D, et al, 1998; PENNISI E, 1997; WILKINSON C, 2004.
17. REAKA-KUDLA M L, 1997; WELLS J W, 1957.
18. ARAGOS J E, et al, 1996; National Research Council, 1995.
19. FUKAMI H, et al, 2004; JACKSON J B C, 1997.
20. BELLWOOD D M, et al, 2004; HUGHES T P and CONNELL J H, 1999.
21. BIRKELAND C, 1990; SALE P F, 1980; STEHLI F G and WELLS J W, 1971.

22. CONNELL J H, 1978; MARAGOS J E, et al, 1996; National Research Council, 1995.

23. HUSTON M A, 1985.

24. MARAGOS J E, et al, 1996; OGDEN J, 1989.

25. GLYNN P W, 1988.

26. MAYER G, 1982; SHERMAN K, et al, 1988.

27. MOWAT F, 1996.

28. WILLIAMSON M, 1997.

29. MANN K H and LAZIER J R N, 1996; SHERMAN K, et al, 1988.

■第4章

1. MANN K H and LAZIER J R N, 1996.

2. GAGE J and TYLER P, 1991; PAIN S, 1988.

3. BUCKLIN A, et al, 2003; GOETZE E, 2003.

4. CHISHOLM S W, et al, 1988; CHISHOLM S W, 1992.

5. POMEROY L R, 1992.

6. ANGEL M, 1997; JUMARS P A, 1976.

7. HARDY J, 1991; ZEITSEV Y, 1992.

8. HARDY J and APTS C W, 1989.

9. ANGEL M, 1993; ANGEL M, 1997; MANN K H and LAZIER J R N, 1996; RAYMONT J, 1963.

10. HAYWARD T, 1993; VENRICK E L, 1990.

11. ANGEL M, 1997; GIOVANNONI S J, et al, 1990; MCGOWAN J A and WALKER P W, 1993; PERRO-BULTS A C,1997; VILLAREAL T, et al, 1993.

12. GEORGE R Y, 1984; MARR J W S, 1962.

13. ANGEL M, 1993, 1997; HAEDRICH R L, 1996; MANN K H and LAZIER J R N, 1996.

14. ANGEL M, 1997; MCGOWAN J A and WALKER P W, 1993; PIERROT-BULTS A C, 1997; RAY G C, 1991; WILLIAMSON M, 1997.

15. ANGEL M, 1993; HAEDRICH R L, 1996.

16. MANN K H and LAZIER J R N, 1996; MCGOWAN J A and WALKER P W, 1993; The Ring Group, 1981; WIEBE P H and FLIER G R, 1983.

17. ANGEL M, 1993; BANSE K, 1994; GRICE G D and HART A D, 1962; MANN K H and LAZIER J R N, 1996.

18. ANGEL M, 1993; MANN K H and LAZIER J R N, 1996; MCGOWAN J A, 1986; MCGOWAN J A and WALKER P W, 1993.

19. CHISHOLM S W, et al,1988; OBAYASHI Y, et al, 2001; SUZUKI K, et al, 1995.

20. MCGOWAN J A, 1986; MCGOWAN J A and WALKER P W, 1993.

21. MANN K H and LAZIER J R N, 1996.

22. MANN K H and LAZIER J R N, 1996.

23. ROWELL T W and TRITES R W, 1985.

24. GAGE J and TYLER P, 1991.

25. GAGE J and TYLER P, 1991; HAEDRICH R L, 1996; HAEDRICH R L and MERRETT N, 1990.

26. KOSLOW J A, 1997.

27. GAGE J and TYLER P, 1991; GAGE J, 1997; WATERS T, 1995.

28. BENNETT B A, et al, 1994; GAGE J and TYLER P, 1991; National Research Council, 1995.

29. GAGE J and TYLER P, 1991; National Research Council, 1995; REX M A, et al, 1997.

30. BRIGGS J C, 1994; GRASSLE J F and MACIOLEK N J, 1992; MAY R M, 1994a; POORE G C A and WILSON G D F, 1993; REAKA-KUDLA M L, 1997.

31. GAGE J and TYLER P, 1991; JUMARS P A, 1976.

32. GAGE J and TYLER P, 1991; GRASSLE J F, 1989; GRASSLE J F and MACIOLEK N J, 1992; REX M A, et al, 1997.

33. GAGE J and TYLER P, 1991; GAGE J, 1997.

34. ABELE L G and WALTERS K, 1979; DAYTON P K and HESSLER R R, 1972; GRASSLE J F, 1989; JUMARS P A,1976; TYLER P A, 1995; REX M A, 1981.

35. GAGE J and TYLER P, 1991; JINKS R N, et al, 2002: TRAVIS J,

1993; VAN DOVER C L, 1996.

36. SMITH C, et al, 1989; SMITH C, 1992.

37. BROECKER W S, 1990.

38. MASSOM R A, 1988.

39. DAYTON P K, et al, 1994.

40. ANGEL M, 1993; CLARKE A and CRAME J A, 1997; WINSTON J E, 1990.

■第5章

1. CAIRNS JR J, 1987; LEWONTIN R C, 1990; MYERS N, 1990.

2. BARBAULT R and SASTRAPRADJA S, 1995; MYERS N, 1990; VERMEIJ G J, 1991.

3. MCGINN A P, 1998; MYERS R A, et al, 1997.

4. BOTSFORD L W, et al, 1997; DAYTON P K, 1998; PAULY D, et al, 1998.

5. World Resources Institute, 1987; SAFINA C, 1995.

6. BOTSFORD L W, et al, 1997; EARLE S A, 1995; FAO, 1999; LUBCHENCO J, 1998.

7. EARLE S A, 1995; WEBER P, 1993.

8. BOTSFORD L W, et al, 1997; DAYTON P K, 1998; National Research Council, 1995; VITOUSEK P M, et al, 1997.

9. BROWN L R and KANE H, 1994; HINDAR K, et al, 1991; Pacific Congress on Marine Science and Technology, 1995.

10. FORTES M D, 1988; National Research Council, 1995; TINER R, 1984.

11. National Research Council, 1995.

12. DAYTON P K, 1998; JAMESONS C, et al, 1995.

13. MANVILLE A M, 1988.

14. GESAMP, 1990; LIVINGSTONE D, et al, 1992; STEGEMAN J J, et al, 1986.

15. OMORI M, et al, 1995.

16. CONVERSI A and MCGOWAN J, 1994; GESAMP, 1990; MAYER G, 1982.

17. VITOUSEK P M, et al, 1997.

18. BURKHOLDER J, et al, 1992.

19. ANDERSON D, 1997; CULOTTA E, 1992; SMAYDA T, 1997.

20. ANDERSON D, 1997; MIANZAN H, et al, 1997; SMAYDA T, 1990; SMAYDA T, 1992.

21. HARDY J, 1991.

22. EARLE S A, 1995; SCHMIDT K, 1997.

23. EPA, 1997; GESAMP, 1990.

24. GESAMP, 1990; KIME D E, 1995; LANGSTON W J, et al, 1992.

25. SHANE B S, 1994.

26. 宫崎信之, 田边信介, 2005; TANABE S, et al, 1982.

27. CARSON R, 1962; COLBORN T, et al, 1997.

28. VERMEIJ G J, 1991.

29. CARLTON J and GELLER J, 1993.

30. HEDGPETH J, 1993; ZAITSEV Y P, 1992.

31. AARKROG A, et al, 1987; DAVIS W J, 1994.

32. APPENZELLER T, 1991; SUESS G, et al, 1999; THIEL H, et al, 1998.

33. OMORI M, et al, 1998.

34. VAN DOVER C L, 1996.

35. SCHNEIDER S H, 1997.

36. ORR J C, et al, 2005.

37. HOEGH-GULDBERG O, 1999.

38. NHK, 1998.

39. MCGOWAN J A, et al, 1996; ROEMMICH D and MCGOWAN J, 1995.

40. KARENTZ D, 1992.

■第6章

1. SALM R V and CLARK J R, 1984.

2. National Research Council, 1995.

3. EICHBAUM M W, et al, 1996.

4. SUTINEN J G and SOBOIL M, 2003.

5. FAO, 1999; THORNE-MILLER B, 2006.

6. FLUHARTY D, 2000; RESTREPO V R and POWERS J E, 1999.

7. OMORI M, 2002.

8. CADDY J, 1997; PAULY D, 1997.

9. CURTIS C E, 1990.

10. THORNE-MILLER B, 1992.

11. CONGRESS U S, Office of Technology Assessment, 1986.

12. WILSON R and CROUCH E A C, 1987.

13. CAIRNS J Jr, 1986; CAIRNS J Jr and PRATT Jr, 1989; HILBORN R and LUDWIG D, 1993.

14. O’BRIEN M, 2000; RAFFENSPERGER C and TICKNER J A, 1999.

15. CalCOFI Committee, 1990; DUARTE C M, et al, 1992.

16. PIMM S L, 1997.

17. COSTANZA R, et al, 1997; HOLMES B, 1997; PIMM S L, 1997.

18. HELFIELD J M and NAIMAN R J, 2001; HILDEBRAND G V, et al, 1999; 稗田一俊, 2005; 村上正志, 2004.

19. BALMFORD A, et al, 2002.

20. CAIRNS J Jr, 1989.

■第7章

1. DE KLEMM C with SHINE C, 1993.

2. World Commission on Environment and Development, 1987.

3. UNEP, 1995.

4. 海洋政策研究財团, 2005.

5. WELLS S M and BARZDO J G, 1991.

6. HULSHOFF B and GREGG W P, 1985.

7. IMO, 1990.

8. WINDOM H L, 1991.

9. DOWNES D R and VAN DYKE B, 1998.

10. WIRTH T E, 1995.

■第8章

1. CHAPIN F S III, et al, 1997; MYERS N, 1993.

2. WILSON E O, 1984.

3. FREESTONE D, 1991; JACKSON T and TAYLOR P J, 1992.

4. MYERS N, 1993.

5. JOHANNES R E, 1978; OMORI M, 2002.

6. EHRLICH P R and EHRLICH A H, 1990.

参考文献

AARKROG A, et al. Technetium-99 and cesium-134 as long distance tracers in Arctic waters[J]. Estuarine, Coastal, and Shelf Science, 1987, 24: 637–647.

ABELE L G, WALTERS K. The stability-time hypothesis: Reevaluation of the data[J]. American Naturalist, 1979, 114: 559–568.

ANDERSON D, Turning back the harmful red tide[J]. Nature, 1997, 388: 513–514.

ANGEL M. Biodiversity of the pelagic ocean[J]. Conservation Biology, 1993, 7: 760–772.

ANGEL M. Pelagic biodiversity[M]//ORMOND R, GAGE J, ANGEL M. Marine biodiversity: Patterns and processes. Cambridge: Cambridge University Press, 1997: 35–68.

ANGERMEIER P L, KARR J R, Biological integrity versus biological diversity as policy directives[J]. BioScience, 1994, 44: 690–697.

APPENZELLER T. Fire and ice under the deep-sea floor[J]. Science, 1991, 252: 1790–1792.

BALMFORD A, et al. Economic reasons for conserving wild nature[J]. Science, 2002, 297: 950–953.

BANSE K. Does iron really limit phytoplankton production in the offshore subarctic Pacific?[J]. Limnology and Oceanography, 1990, 35: 772–775.

BANSE K. Grazing and zooplankton production as key controls of phytoplankton production in the open ocean[J]. Oceanography, 1994, 7: 13–20.

BARBAULT R, SASTRAPRADJA S. Generation, maintenance, and loss of biodiversity[M]// HEYWOOD V. UNEP: Global biodiversity assessment. Cambridge: Cambridge University Press, 1995: 193–274 .

BEKLEMISHEV C W, PARINN B, SEMINA G N. Pelagial[M]// VINOGRADOV M. Biogeographical structure of the ocean. (ocean biogeography I). Moscow: Akademia Nauka, 1977: 219–261.

BELLWOOD D M, et al. Confronting the coral reef crisis[J]. Nature, 2004, 429: 827–833.

BENNETT B A, et al. Faunal community structure of a chemoautotrophic assemblage on whale bones in the deep northeast Pacific Ocean[J]. Marine Ecology Progress Series, 1994, 3: 205–223.

BIGG G. The oceans and climate[M]. Cambridge: Cambridge University Press, 1996.

BIRKELAND C. Geographic comparisons of coral-reef community processes[C]//Proceedings of the Sixth International Coral Reef Symposium, Townsville, Australia, August 8–12, 1988. 1990: 211–220.

BLAXTER J H S, TEN HALLERS-TJABBES C C. The effect of pollutants on sensory systems and behaviour of aquatic animals[J]. Netherlands Journal of Aquatic Ecology, 1992, 26: 43–58.

BOESCH D F. Diversity, stability, and response to human disturbance in estuarine ecosystems[C]//Structure, functioning, and management of ecosystems: Proceedings of the First International Congress of Ecology, The Hague, the Netherlands, Sepertember 8–14, 1974. Wageningen: Pudoc, 1974: 109–114.

BOSSI R, CINTRON G. Mangroves of the wider caribbean: toward sustainable management[R]. Nairobi: United Nations Environment Programme, 1990.

BOTSFORD L W, CASTILLA J C, PETERSON C H. The management of fisheries and marine ecosystems[J]. Science, 1997, 277: 509–515.

BRIGGS J C. Species diversity: Land and sea compared[J]. Systematic Biology, 1994, 43: 130–135.

BROECKER W S. The great ocean conveyor[J]. Oceanography. 1991, 4 (2): 79–90.

BROECKER W S, PENG T H. Tracers in the sea[M]. New York: Eldigio Press, 1982.

BROECKER W S. Comment on “Iron deficiency limits phytoplankton growth in Antarctic waters” by John H. Martin, et al[J]. Global Biogeochemical Cycles, 1990, 4: 3–4.

BROWN L R, KANE H. Full house[M]. New York: W. W. Norton & Co., 1994.

BRYANT D, BURKE L, MCMANUS J, SPALDING M. Reefs at risk: A mep-based indicator of threats to the world’s coral reefs[R]. Washington, D.C.: World Resources Institute, 1998.

BUCKLIN A, et al. Molecular systematic and phylogenetic assessment of 34 calanoid copepod species of the Calanidae and Clausocalanidae[J]. Marine Biology, 2003, 142: 333–343.

BURKHOLDER J, et al. New “phantom” dinoflagellate is the causative agent of major estuarine fish kills[J]. Nature, 1992, 358: 407–410.

BURTON R S. Protein polymorphisms and genetic differentiation of marine invertebrate populations[J]. Marine Biology Letters, 1983, 4: 193–206.

CADDY J. Checks and balances in the management of marine fish stocks: Organizational requirements for a limited reference point approach[J]. Fisheries Research, 1997, 30: 1–15.

CAIRNS J Jr. Effects of upland and shoreline land use on the Chesapeake Bay[M]//KOU C, YOUNOS T. Emergence of integrative environmental management. Blacksburg: Virginia Polytechnic Institute and State University, 1986: 232–241.

CAIRNS J Jr. Can the global loss of species be stopped?[J]. Speculations in Science and Technology, 1987, 11: 189–196.

CAIRNS J Jr. Restoring damaged ecosystems: Is pre-disturbance condition a viable option?[J]. Environmental Professional, 1989, 11: 152–159.

CAIRNS J Jr, PRATT Jr. The scientific basis of bioassays[J]. Hydrobiologia, 1989, 188/189: 5–20.

CAIRNS J Jr, PRATT Jr. Biotic impoverishment: Effects of anthropogenic stress[M]// WOODWELL G. The Earth in transition: Patterns and processes of biotic impoverishment. Cambridge: Cambridge University Press, 1990: 495–505.

CalCOFI COMMITTEE. Ocean outlook: Global change and the marine environment[J]. California Cooperative Oceanic Fisheries Investigations Reports, 1990, 31: 25–27.

CARLTON J, GELLER J. Ecological roulette: The global transport of non-indigenous marine organisms[J]. Science, 1993, 261: 78–80.

CARSON R. Silent spring[M]. New York: Houghton Mifflin Co., 1962.

CHAPIN F S, et al. Biotic control over the functioning of ecosystems[J]. Science, 1997, 277: 500–504.

CHARLSON R J, LOVELOCK J E, ANDREAE M O, WARREN S G. Oceanic phytoplankton, atmospheric sulfur, cloud albedo, and climate[J]. Nature, 1987, 326: 655–661.

CHISHOLM S W. What limits phytoplankton growth?[J]. Oceanus, 1992, 35: 36–46.

CHISHOLM S W, et al. A novel free-living prochlorophyte abundant in the oceanic euphotic zone[J]. Nature, 1988, 334: 340–343.

CLARKE A. Is there a latitudinal diversity cline in the sea?[J]. Trends in Ecology & Evolution, 1992, 7: 286–287.

CLARKE A and CRAME J A. Diversity, latitude and time: Patterns in the shallow sea[M]//ORMOND R, GAGE J, ANGEL M. Marine biodiversity: Patterns and processes. Cambridge: Cambridge University Press, 1997: 122–147.

COLBORN T D, DUMANOSKI, MYERS J P. Our stolen future[M]. New York: Penguin Group, 1997.

COLEMAN N A, GASON, POORE G. High species richness in the shallow marine waters of southeast Australia[J]. Marine Ecology Progress

Series, 1997, 154: 17–26.

COLWELL R R. Biotechnology in the marine sciences[J]. Science, 1983, 222: 19–24.

CONNELL J H. Diversity in tropical rain forests and coral reefs[J]. Science, 1978, 199: 1302–1310.

CONVERSI A, MCGOWAN J. Natural versus human-caused variability of water clarity in the Southern California Bight[J]. Limnology and Oceanography, 1994, 39: 632–648.

COSTANZA R, et al. The value of the world's ecosystem services and natural capital[J]. Nature, 1997, 387: 253–260.

CULOTTA E. Red menace in the world's oceans[J]. Science, 1992, 257: 1476–1477.

CURTIS C E. Protecting the oceans[J]. Oceanus, 1990, 3: 19–22.

DAVIS W J. Contamination of coastal versus open ocean surface waters, a brief meta analysis[J]. Marine Pollution Bulletin, 1994, 26: 128–134.

DAYTON P K, Community landscape: Scale and stability in hard bottom marine communities[M]// GILLER P, HILDREW A, RAFFAELLI D. Aquatic ecology: scale, pattern, and process. Oxford: Blackwell Scientific Publications, 1992: 289–332.

DAYTON P K. Reversal of the burden of proof in fisheries

management[J]. Science, 1998, 279: 821–822.

DAYTON P K, HESSLER R R. Role of biological disturbance in maintaining diversity in the deep sea[J]. Deep-Sea Research, 1972, 19: 199–208.

DAYTON P K, MORDIDAB J, BACON F. Polar marine communities[J]. American Zoologist, 34: 90–99.

DAYTON P K, TEGNER M T. EDWARDS P B, RISER K L. Sliding baselines, ghosts, and reduced expectations in kelp forest communities[J]. Ecological Applications, 1998, 8: 309–322.

DEEGAN L. Nutrient and energy transport between estuaries and coastal marine ecosystems by fish migration[J]. Canadian Journal of Fisheries and Aquatic Science, 1993, 50: 74–79.

DE KLEMM C, SHINE C. Biological diversity conservation and the law: Legal mechanisms for conserving species and ecosystems. Environmental Policy and Law Paper No. 29[R]. Gland: IUCN, 1993.

DOWNES D R and VAN DYKE B. Fisheries conservation and trade rules: Ensuring that trade law promotes sustainable fisheries[R]. Washington, D.C.: Center for International Environmental Law and Greenpeace, 1998.

CEBRIAN J C M, MARBA N. Uncertainty of detecting sea change[J]. Nature, 1992, 356: 190.

EARLE S A. Sea change: A message of the oceans[M]. Reading: Addison-Wesley, 1995.

EHRLICH P R, EHRLICH A H. The population explosion[M]. New York: Simon and Schuster, 1990.

EICHBAUM W M, et al. The role of marine and coastal protected areas in the conservation and sustainable use of biological diversity[J]. Oceanography, 1996, 9: 60–70.

EPA (Environmental Protection Agency). Incidence and severity of sediment contamination in surface waters of the United States. EPA-823-R-97-006[R]. Washington, D.C.: EPA, 1997.

ESTES J A, DUGGINS D O, RATHBUN G B. The ecology of extinctions in kelp forest communities[J]. Conservation Biology, 1989, 3: 252–264.

ESTES J A, et al. Killer whale predation on sea otters linking oceanic and nearshore ecosystems[J]. Science, 1998, 282: 473–476.

FAO. The state of the world fisheries and aquaculture[R]. Rome: FAO, 1999.

FARNSWORTH E J, ELLISON A M. The global conservation status of mangroves[J]. Ambio, 26: 328–334.

FENICAL W. 1996. Marine biodiversity and the medicine cabinet: The status of new drugs from marine organisms[J]. Oceanography, 1997,

9: 23–27.

FIELD C. Journey amongst mangroves[R]. Okinawa: The International Society for Mangrove Ecosystems, 1995.

FLUHARTY D. Habitat protection, ecological issues, and implementation of the Sustainable Fisheries Act[J]. Ecological A: lications, 2000, 10: 325–337.

FORTES M D. Mangrove and seagrass beds of East Asia: Habitats under stress[J]. Ambio, 1988, 17: 207–213.

FOX M W. The boundless circle: Caring for creatures and creation[M]. Wheaton: Quest Books, 1996,

FREESTONE D. The precautionary principle[M]//CHURCHILL R, FREESTONE D. International law and global climate change. London: Graham & Trotman, 1991: 21–39.

FROST B W. Phytoplankton bloom on iron rations[J]. Nature, 1996, 383: 475–476.

FUKAMI H, et al. Conventional taxonomy obscures deep divergence between Pacific and Atlantic corals[J]. Nature, 2004, 427: 832–835.

GAGE J, High benthic species diversity in deep-sea sediments: The importance of hydrodynamics[M]//ORMOND R, GAGE J, ANGEL M. Marine biodiversity: patterns and processes. Cambridge: Cambridge University Press, 1997: 148–177.

GAGE J, TYLER P. Deep-sea biology: A natural history of organisms at the deep-sea floor[M]. Cambridge: Cambridge University Press, 1991.

GAINES S D, ROUGHGARDEN J. Fish in offshore kelp forests affect recruitment to intertidal, barnacle populations[J]. Science, 1987, 235: 479–481.

GALLAGHER J C. Population genetics of Skeletonema costatum (Bacillariophyceae) in Narragansett Bay[J]. Journal of Phycology, 1980, 16: 464–474.

GEORGE R Y. Ontogenetic adaptations in growth and respiration of *Euphausia superba* in relation to temperature and pressure[J]. Journal of Crustacean Biology, 1984, 4 (Spec. No.1): 252–262.

GESAMP (Joint Group of Experts on the Scientific Aspects of Marine Pollution). The state of the marine environment. UNEP regional seas reports and studies, No. 115[R]. Nairobi: United Nations Environment Programme, 1990.

GIOVANNONI S J, et al. Genetic diversity in Sargasso Sea bacterio-plankton[J]. Nature, 1990, 345: 60–61.

GITAY H, WILSON J, LEE W. Species redundancy: A redundant concept[J]. Journal of Ecology, 1996, 84:121–124.

GLYNN P W. El Niño-Southern Oscillation 1982-1983: Nearshore population, community, and ecosystem responses[J]. Annual Review of Ecology and Systematics, 1988, 19: 309–345.

GOETZE E. Cryptic speciation on the high seas: global phylogenetics of the copepod family Eucalanidae[J]. Proceedings of Royal Society of London B, 2003, 270: 2321–2331.

GOULD S J. On the loss of a limpet[J]. Natural History, 1991, 6: 22–27.

GRASSLE J F. Species diversity in deep-sea communities[J]. Trends in Ecology and Evolution, 1989, 4: 12–15.

GRASSLE J F, MACIOEK N J. Deep-sea species richness[J]. American Naturalist, 1992, 139: 313–341.

GRASSLE J P, GRASSLE J F. Sibling species in the marine pollution indicator Capitella (Polychaeta)[J]. Science, 1976, 192: 567–569.

GRAY J S. Marine biodiversity: Patterns, threats and conservation needs[J]. Biodiversity and Conservation, 1997, 6: 153–175.

GRIBBIN J. The oceanic key to climatic change[J]. New Scientist, 1988, 19: 32–33.

GRICE G D, HART A D. The abundance, seasonal occurrence, and distribution of the epizooplankton between New York and Bermuda[J]. Ecological Monographs, 1962, 32: 287–309.

GYLLENSTEN U, RYMAN N. Pollution biomonitoring programs and the genetic structure of indicator species[J]. Ambio, 1985, 14: 29–31.

HAEDRICH R L. Deep-water fishes: Evolution and adaptation in the earth's largest living spaces[J]. Journal of Fish Biology, 1996, 49: 40–53.

HAEDRICH R L, MERRETT N. Little evidence for faunal zonation or communities in deep sea demersal fish faunas[J]. Progress in Oceanography, 1990, 24: 239–250.

HARDY J. Where the sea meets the sky[J]. Natural History, 1991, 5: 59–65.

HARDY J, APTS C W. Photosynthetic carbon reduction: High rates in the sea-surface microlayer[J]. Marine Biology, 1989, 101: 411–417.

HATTA M, et al. Reproductive and genetic evidence for a evolutionary history of mass-spawning corals[J]. Molecular Biology and Evolution, 1999, 16: 1607–1613.

HAWKSWORTH D L, KALIN-ARROYO M T. Magnitude and distribution of biodiversity[M]// HEYWOOD V. UNEP: Global biodiversity assessment. Cambridge: Cambridge University Press, 1995: 107–191.

HAY M E, FENICAL W. Chemical ecology and marine biodiversity: Insights and products from the sea[J]. Oceanography, 1996, 9: 10–20.

HAYWARD T. The rise and fall of Rhizosolenia[J]. Nature, 363: 675–676.

HEDGPETH J. Foreign invaders[J]. Science, 1993, 261: 34–35.

HELFIELD J M, NAIMAN R J. Effects of salmon-derived nitrogen on riparian forest growth and implications for stream productivity[J]. Ecology, 2001, 82: 2403–2409.

HILBORN R, LUDWIG D. The limits of applied ecological research[J]. Ecological Applications, 1993: 550-552.

稗田一俊．鮭はダムに殺された：二風谷ダムとユーラップ川からの警鐘[M]. 東京：岩波書店，2005.

HILDERBRAND G V, et al. Role of brown bears (*Ursus arctos*) in the flow of marine nitrogen into terrestrial ecosystem[J]. Oecologia, 1999, 121: 546–550.

HINDAR K, RYMAN N, UTTER F. Genetic effects of cultured fish on natural fish populations[J]. Canadian Journal of Fisheries and Aquatic Science, 1991, 48: 945–957.

HOEGH-GULDBERG O. Climate change, coral bleaching and the future of the world’s coral reefs[J]. Marine and Freshwater Research, 1999, 50: 839–866.

HOLDGATE M. Biological diversity: Why do we need it?[J]. IUCN Bulletin, 1990, 21: 27.

HOLMES B. Don’t ignore nature s bottom line[J]. New Scientist, 1997, 30: 1–15.

HOOPER D U, et al. Effects of biodiversity on ecosystem functioning: A consensus of current knowledge[J]. Ecological Monographs, 2005, 75: 3–35.

HUGHES T P, CONELL J H. Multiple stressors on coral reefs: A long-term perspective[J]. Limnology and Oceanography, 1999, 44: 932–940.

HULSHOFF B, GREGG W P. Biosphere reserves: Demonstrating the value of conservation in sustaining society[J]. Parks, 1985, 10: 2–5.

HUSTON M A. Patterns of species diversity on coral reefs[J]. Annual Review of Ecology and Systematics, 1985, 16: 149–177.

IMO. London dumping convention: The first decade and beyond (Provisions of the convention on the prevention of marine pollution by dumping of wastes and other matter, 1972, and decisions made by the consultative meeting of contracting parties, 1975–1989). LDC 13/Inf. 9[R]. London: IMO Secretariat, 1990.

JACKSON J B C. Reefs since Columbus[J]. Coral Reefs, 1997, 16: S23–S32.

JACKSON T, TAYLOR P J. The precautionary principle and the prevention of marine pollution[J]. Chemistry and Ecology, 1992, 7:

123–134.

JAMESON S C, MCMANUS J W, SPALDING M D. State of the reefs: regional and global prespectives[R]. Silver Spring: National Oceanic and Atmospheric Administration, 1995.

JINKS R N, et al. Adaptive visual metamorphosis in a deep-sea hydrothermal vent crab[J]. Nature, 2002, 420: 68–70.

JOHANNES R E. Traditional marine conservation methods in Oceania and their demise[J]. Annual Review of Ecology and Systematics, 1978, 9: 349–364.

JUMARS P A. Deep-sea species diversity: Does it have a characteristic scale?[J]. Journal of Marine Research, 1976, 34: 217–246.

海洋政策研究財団. 海洋と日本：21世紀の海洋政策への提言[R]. 東京：海洋政策研究財団，2005.

KARENTZ D. Ozone depletion and UV-B radiation in the Antarctic-I imitations to ecological assessment[J]. Marine Pollution Bulletin, 1992, 25: 231–232.

KENDALL M A, ASCHAN M. Latitudinal gradients in the structure of macrobenthic communities: a comparison of Arctic, temperate and tropical sites[J]. Journal of Experimental Marine Biology and Ecology, 1993, 172: 157–169.

KIKUCHI T, OMORI M. Vertical distribution and migration of

oceanic shrimps at two locations off the Pacific coast of Japan[J]. Deep-Sea Research, 1985, 32A: 837–851.

KIME D E. The effects of pollution on reproduction in fish[J]. Reviews in Fish Biology and Fisheries, 1995, 5: 52–96.

KLERKS P, LEVINTON J S. Rapid evolution of resistance to extreme metal pollution in a benthic oligochaete[J]. Biological Bulletin, 1989, 176: 135–141.

KOSLOW J A. Seamounts and the ecology of deep-sea fisheries[J]. American Scientist, 1997, 85: 168–176.

LANGSTON W J, POPE N D, BURT G R. Impact of discharges on metal levels in biota of the West Cambria coast. Plymouth Marine Laboratory Report 1992[R]. Plymouth: Plymouth Marine Laboratory, 1992.

LEIGH E G J R, PAINE R T, QUINN J F, Suchanek T H. Wave energy and intertidal productivity[J]. Proceedings of the National Academy of Sciences, U.S.A., 1984, 84: 1314–1318.

LEWIN J. The world of the razor-clam beach[J]. Pacific Search, 1978, 12–13.

LEWONTIN R C. Fallen angels[J]. New York Review of Books, 1990, 37: 3–7.

LINDLEY D. Is the Earth alive or dead?[J]. Nature, 1988, 332:

483–484.

LIVINGSTONE D, DONKIN P, WALKER C. Pollutants in marine ecosystems: An overview[M]//WALKER C, LIVINGSTONE D. Persistent Organic Pollutants in Ecosystems. New York: Pergamon Press, 1992: 235–263.

LOVELOCK J E. Gaia: A new look at life on earth[M]. New York: Oxford University Press, 1979.

LUBCHENCO J. Entering the century of the environment: A new social contact for science[J]. Science, 1998, 279: 491–497.

MALAKOFF D. Extinction on the high seas[J]. Science, 1997, 277: 486–488.

MANN K H, LAZIER J R N. Dynamics of Marine Ecosystems: Biological-Physical Interactions in the Oceans[M]. 2nd ed. Cambridge: Blackwell Scientific Publications, 1996.

MANVILLE A M. Tracking plastic in the Pacific[J]. Defenders, 1988, 10–15.

MARAGOS J E, CROSBY M P, MCMANUS J W. Coral reefs and biodiversity: A critical and threatened relationship[J]. Oceanography, 1996, 9: 83–99.

MARR J W S. The natural history and geography of the Antarctic krill (*Euphausia superba Dana*)[J]. Discovery Report, 1962, 32: 33–464.

MASSOM R A. The biological significance of open water within the sea ice covers of the polar regions[J]. Endeavour, 1988, 12(1): 21–27.

MAY R M. How many species are there on Earth?[J]. Science, 1988, 241: 1441–1448.

MAY R M. Biological diversity: Differences between land and sea[J]. Philosophical Transactions of the Royal Society of London, 1994, 343: 105–111.

MAYER G F. Ecological stress and the New York Bight: Science and management[R]. Columbia: Estuarine Research Federation, 1982.

MCGINN A P. Promoting sustainable fisheries[M]//Worldwatch Institute. State of the World. New York: W. W. Norton & Company, 1998: 59–78.

MCGOWAN J A. The biogeography of pelagic ecosystems[C]// Pelagic Biogeography: Proceedings of an International Conference, the Netherlands, 29 May-5 June 1985. Paris: UNESCO Technical Papers in Marine Science, No. 49. United Nations Educational, Scientific, and Cultural Organization, 1986: 191–200.

MCGOWAN J A, CHELTOND B, CONVERSI A. Plankton patterns, climate, and change in the California Current[J]. CalCOFI Reports, 1996, 37: 45–68.

MCGOWAN J A, WALKER P W. Pelagic diversity patterns[M]//

RICKLEFS R, SCHLUTER D. Species diversity in ecological communities. Chicago: University of Chicago Press, 1993: 203–214.

MCLUSKY D S. The estuarine ecosystem[M]. New York: John Wiley and Sons, 1981.

MENGE B A. Community regulations: Under what conditions are bottom-up factors important on rocky shores?[J]. Ecology, 1992, 73: 755–765.

MIANZAN H, et al. Salps: Possible vectors of toxic dinoflagellates[J]. Fisheries Research, 1997, 29: 193–197.

宮崎信之，田辺信介. 有機塩素系化合物の汚染[M]//宮崎信之. 三陸の海と生物. 東京：サイエンティスト社，2005：239–258.

MOFFAT A S. Biodiversity is a boon to ecosystems, not species[J]. Science, 1996, 271: 1497.

MOONEY H A, et al. Biodiversity and ecosystem functioning: Ecosystem analysis[M]//HEYWOOD V H, WATSON R T. UNEP global biodiversity assessment. Cambridge: Cambridge University Press, 1995: 327–452.

MORSE D E, MORSE A N C. Chemical signals and molecular mechanisms: Learning from larvae[J]. Oceanus, 1988, 31: 37–43.

MORSE D E, et al. Morphogen-based chemical flypaper for *Agaricia humilis* coral larvae[J]. Biological Bulletin, 1994, 186: 172–181.

MOWAT F. Sea of slaughter[M]. Shelburne: Chapters Publishing, 1996.

村上正志. 森の中のサケ科魚類[M]//前川光司. サケマスの生態と進化. 東京：文一総合出版，2004：193–211.

MYERS N. Mass extinctions: What can the past tell us about the present and the future?[J]. Global and Planetary Change, 1990, 82: 175–185.

MYERS N. Biodiversity and the precautionary principle[J]. Ambio, 1993, 22: 74–79.

MYERS R A, HATCHINGS J A, BARROWMAN N J. Why do fish stock collapse? The example of cod in Atlantic Canada[J]. Ecological Applications, 1997, 7: 91–106.

National Research Council. Understanding marine biodiversity science[M]. Washington, D.C.: National Academy Press, 1995.

NHK.『海』プロジェクト. NHKスペシャル『海—知られざる世界』[M]. 第2巻. 東京：日本放送協会，1988.

西平守孝. サンゴ礁における多種共存機構[M]//井上民二，和田英太郎. 地球環境学（5）生物多様性とその保全. 東京：岩波書店，1998：161–195.

NYBAKKEN J W. Marine biology: An ecological approach[M]. New York: Harper & Row, 1982.

OBAYASHI Y, et al. Spatial and temporal variabilities of phytoplankton community structure in the northern North Pacific as determined by phytoplankton pigments[J]. Deep Sea Research, 2001, 48: 439–469.

O'BRIEN M. Making better environmental decisions: an alternative to risk assessment[M]. Cambridge: The MIT Press, 2000.

OGDEN J. Marine biological diversity: A strategy for action[J]. Reef Encounter, 1989, 6: 5.

OMORI M. One hundred years of the sergestid shrimp fishing industry in Suruga Bay: Development of administration and social policy[M]//BENSON K R, REHBOCK P F. Oceanographic history: The Pacific and beyond. Seattle and London: University of Washington Press, 2002: 417–422.

OMORI M, ISHII H, FUJINAGA A. Life history of *Aurelia aurita* (Cnidaria, Scyphomedusae) and its impact on the zooplankton community of Tokyo Bay[J]. ICES Journal of Marine Science, 1995, 52: 597–603.

OMORI M, NORMAN C P, IKEDA T. Oceanic disposal of CO_2: Potential effects on deep-sea plankton and micronekton—A review[J]. Plankton Biology and Ecology, 1998, 45: 87–99.

大森信，下池和幸，岩尾研二，大矢正樹. サンゴの姿: 104–111. NHKスペシャル『海―知られざる世界』[M]. 第1巻. 東京：日本放送协会，1998.

ORR J C, et al. Anthropogenic ocean acidification over the twenty-first century and its impact on calcifying organisms[J]. Nature, 2005, 439: 681–686.

Pacific Congress on Marine Science and Technology. Proceedings of the PACON Conference on Sustainable Aquaculture 95, June 11-14, 1995, Honolulu, Hawaii[C]. Honolulu: PACON International, Hawaii Chapter, 1995.

PAIN S. No escape from the global greenhouse[J]. New Scientist, 1988, 12: 38–43.

PAINE R T. Food web complexity and species diversity[J]. American Naturalist, 1966, 100: 65–75.

PAINE R T, CASTILLA J C, CANCINO J. Perturbation and recovery patterns of starfish-dominated intertidal assemblages in Chile, New Zealand, and Washington State[J]. American Naturalist, 1985, 125: 679–691.

PAULY D. Putting fisheries management back in places[J]. Reviews in Fish Biology and Fisheries, 1997, 7: 125–127.

PAUL Y D, et al. Fishing down marine food webs[J]. Science, 1998, 279: 860–863.

PENNISI E. Brighter prospects for the world's coral reefs?[J].

Science, 1997, 277: 491–493.

PIANKA E R. Evolutionary ecology[M]. New York: Harper & Row, 1988.

PIELOU E C. Biogeography[M]. New York: Wiley-Interscience, 1979.

PIERROT-BULTS A C. Biological diversity in oceanic macrozooplankton: More than counting species[M]//ORMOND R, GAGE J, ANGEL M. Marine biodiversity: Patterns and processes. Cambridge: Cambridge University Press, 1997: 69–93.

PIMM S L. The complexity and stability of ecosystems[J]. Nature, 1984, 207: 321–326.

PIMM S L. The value of everything[J]. Nature, 1997, 387: 231–232.

POMEROY L R. The microbial food web[J]. Oceanus, 1992, 35: 28–35.

POORE G C B, WILSON G D F. Marine species richness[J]. Nature, 1993, 362: 597–598.

ブリマック R B, 小堀洋美. 保全生物学のすすめ：生物多様性保全のためのニューサイエンス[M]. 東京：文一総合出版，1997.

RAFFAELLI D, HAWKINS S. Intertidal ecology[M]. London: Chapman & Hall, 1996.

RAFFENSPERGER C, TICKNER J A. Protecting public health and

the environment[M]. Washington D.C.: Island Press, 1999.

RAUP D M, STANLEY S M. Principles of palentology[M]. 2nd ed. San Francisco: W. H. Freeman, 1978.

RAY G C. Ecological diversity in coastal zones and oceans[M]//WILSON E O. Biodiversity. Washington, D.C.: National Academy Press, 1988: 36–50.

RAY G C. Coastal-zones biodiversity patterns: Principles of landscape ecology may help explain the processes underlying coastal diversity[J]. BioScience, 1991, 41: 490–498.

RAY G C. Do the metapopulation dynamics of estuarine fishes influence the stability of shelf ecosystems?[J]. Bulletin of Marine Science, 1997, 60: 1040–1049.

RAYMONT J. Plankton and productivity in the oceans[M]. Oxford: Pergamon Press, 1963.

REAKA-KUDLA M L. The global biodiversity of coral reefs: A comparison with rainforests[M]//REAKA-KUDLA M L, WILSON D E, WILSONE O. Biodiversity II: Understanding and protecting our biological resources. Washington, D.C.: National Academy Press, Joseph Henry Press, 1997: 83–108.

REID J, et al. Ocean circulation and marine life[M]//CHARNOCK H, DEACON S G. Advances in oceanography. New York: Plenum Press,

1978: 65–130.

RESTREPO V R, POWERS J E. Precautionary control rules in U.S. fisheries management: Specification and performance[J]. ICES Journal of Marine Science, 1999, 56: 846–852.

REX M A. Community structure in deep-sea benthos[J]. Annual Review of Ecology and Systematics, 1981, 12: 331–353.

REX M A, ETTER R J, STUART C T. Chap.5[M]//ORMOND R, GAGE J, ANGEL M. Marine biodiversity: Patterns and processes. Cambridge: Cambridge University Press, 1997: 94–121.

REX M A, STUART C T, HESSLER R R, ALLEN J A, SANDERS H L, WILSON G D F. Globalscale latitudinal patterns of species diversity in the deep-sea benthos[J]. Nature, 1993, 365: 636–639.

RICKLEFS R, LATHAM R. Global patterns of diversity in mangrove floras[M]// RICKLEFS R E, SCHLUTER D. Species diversity in ecological communities. Chicago: University of Chicago Press, 1993: 215–229.

ROEMMICH D, MCGOWAN J. Climatic warming and the decline of zooplankton in the California Current[J]. Science, 1995, 267: 1324–1326.

ROUGHGARDEN J, GAINES S, POSSINGHAM H. Recruitment dynamics in complex life cycles[J]. Science, 1988, 241: 1460–1466.

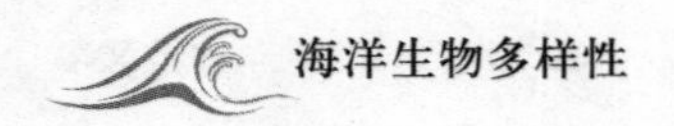

ROWELL T W, TRITES R W. Distribution of larval and juvenile Illex (Mollusca: Cephalopoda) in the Blake Plateau region (Northwest Atlantic)[J]. Vie Milieu, 1985, C35: 149–161.

RUGGIERI G D. Drugs from the sea[J]. Science, 1976, 194: 491–497.

SAFINA C. The world's imperiled fish[J]. Scientific American, 1995, 273: 46–53.

SALE P F. The ecology of fishes on coral reefs[J]. Oceanography and Marine Biology Annual Review, 1980, 18: 367–421.

SALM R V, CLARK J R. Marine and coastal protected areas: A guide for planners and managers[R]. Gland: International Union for the Conservation of Nature and Natural Resources, 1984.

SANDERS H L. Marine benthic diversity: A comparative study[J]. American Naturalist, 1968, 102: 243–282.

SARMIENTO J L. Slowing the buildup of fossil CO_2 in the atmosphere by iron fertilization: A comment[J]. Global Biogeochemical Cycles, 1991, 5: 1–2.

SARMIENTO J, TOGGWEILER J, NAJJAR R. Ocean carbon-cycle dynamics and atmospheric pCO_2[J]. Philosophical Transactions of the Royal Society of London, 1988, 325: 3–21.

SCHMIDT K. A drop in the ocean[J]. New Scientist, 1997, 5: 40–44.

SCHNEISER S H. Laboratory earth[M]. New York: Orion Publishing Group, 1997.

SHANE B S. Introduction to ecotoxicology[M]//COCKERHAM L G, SHANE B S. Basic environmental toxicology. Boca Raton: CRC Press, 1994: 3–10.

SHERMAN K, et al. The continental shelf ecosystem off the northeast coast of the United States[M]//POSTMA H, ZIJLSTRA J J. Ecosystems of the world, Vol. 27, Continental shelves. Amsterdam: Elsevier, 1988: 279–337.

SHORT F, WYLLIE-ECHEVERRIA S. Natural and human-induced disturbance of seagrasses[J]. Environmental Conservation, 1996, 23: 17–27.

SMAYDA T. Novel and nuisance phytoplankton blooms in the sea: Evidence for a global epidemic[M]//GRANÉLI E, et al. Toxic marine phytoplankton. New York: Elsevier Science Publishing, 1990: 29–40.

SMAYDA T. Global epidemic of noxious phytoplankton blooms and food chain consequences in large ecosystems[M]//SHERMAN K, ALEXANDER L, GOLD B. Food chains, yields, models, and management of large marine ecosystems. Boulder: Westview Press, 1992: 275–307.

SMAYDA T. Harmful algal blooms: Their ecophysiology and

general relevance to phytoplankton blooms in the sea[J]. Limnology and Oceanography, 1997, 42: 1137–1153.

SMITH C, et al. Vent fauna on whale remains[J]. Nature, 1989, 341: 27–28.

SMITH C. Whale falls: Chemosynthesis on the deep seafloor[J]. Oceanus, 1992, 35: 74–78.

SMITH P J, FUGIO Y. Genetic variation in marine teleosts: High variability in habitat specialists and low variability in habitat generalists[J]. Marine Biology, 1982, 69: 7–20.

STEELE J H. A comparison of terrestrial and marine ecological systems[J]. Nature, 1985, 313: 355–358.

STEGEMAN J J, KLOEPPER-SAMS P J, FARINGTON J W. Monooxygenase induction and chlorobiphenyls in the deepsea fish *Coryphaenoides armatus*[J]. Science, 1986, 231: 1287–1289.

STEHLI F G, DOUGLAS R G, NEWELL N D. Generation and maintenance of gradients in taxonomic diversity[J]. Science, 1969, 164: 947–949.

STEHLI F G, WELLS J W. Diversity and patterns in hermatypic corals[J]. Systematic Zoology, 1971, 20: 115–126.

SUESS G, et al. Flamable ice[J]. Scientific American, 1999, 281(5): 53–59.

SUTINEN J G, SOBOIL M. The performance of fisheries management systems and the ecosystem challenge[M]//SINCLAIR M, VALDIMARSSON G. Responsible fisheries in the marine ecolsystem. Cambridge: CABI Publishing, 2003: 291–310.

SUZUKI K, et al. Distribution of the prochlorophyte Prochlorococcus in the central Pacific Ocean as measured by HPLC[J]. Limnology and Oceanography, 1995, 40: 983–989.

TANABE S, et al. Transplacentral transfer of PCBs and chlorinated hydrocarbon pesticides from the pregnant striped dolphin (*Stenella coeruleoalba*) to her fetus[J]. Agricultural and Biological Chemistry, 1982, 46: 1269–1275.

The Ring Group. Gulf Stream cold-core rings: their physics, chemistry, and biology[J]. Science, 1981, 212: 1091–1100.

THIEL H, et al. Marine science and technology. Environmental risks from large-scale ecological research in the deep sea: A desk study[M]. Luxenbourg: Office for Official Publications of the European Communities, 1998.

THORNE-MILLER B. The LDC, the precautionary approach, and the assessment of wastes for sea-disposal[J]. Marine Pollution Bulletin, 1992, 24: 335–339.

THORNE-MILLER B. Setting the right goals: Marine fisheries and sustainability in large ecosystems[M]//MYERS N J, RAFFENSPERGER C. Precautionary tools for resharping environmental policy. Cambridge: The MIT Press, 2006:155–193.

TINER R. Wetlands of the United States: Current status and recent trends[R]. Washington, D.C.: U.S. Department of the Interior, 1984.

TOGGWEILER J R. Deep-sea carbon: A burning issue[J]. Nature, 1988, 334: 468.

時岡隆，原田英司，西村三郎. 海の生態学. 東京：築地書館，1973.

TRAVIS J. Probing the unsolved mysteries of the deep[J]. Science, 1993, 259: 1123–1124.

TYLER P A. Conditions for the existence of life at the deep-sea floor: An update[J]. Oceanography and Marine Biology: Annual Review, 1995, 33: 221–244.

UNDERWOOD A J, DENLEY E J. Paradigms, explanations, and generalizations in models for the structure of intertidal communities on rocky shores[M]//STRONG D R Jr. Ecological communities: Conceptual issues and the evidence. Princeton: Princeton University Press, 1984: 151–180.

UNEP. Global programme of action for the protection of the marine environment from land-based activities[R]. Note by the secretariat, Intergovernmental Conference to adopt a Global Programme of Action for the Protection of the Marine Environment from Land-Based Activities,

Washington, D.C., 23 October-3 November 1995. No. UNEP(OCA)/LBA/IG. 2/7, 5 December. Nairobi: UNEP, 1995.

U.S. Congress, Office of Technology Assessment. Serious reduction of hazardous waste: For pollution prevention and industrial efficiency. OTA-ITE-317[R]. Washington, D.C.: U.S. Government Printing Office, 1986.

VAN DER SPOEL S, HEYMAN R P. A comparative atlas of zooplankton[M]. Berlin Heidelberg: Springer-Verlag, 1983.

VAN DOVER C L. The octopus's garden. Reading: Addison-Wesley, 1996.

VENRICK E L. Phytoplankton in an oligotrophic ocean: Species structure and interannual variability[J]. Ecology, 1990, 71: 1547–1563.

VERMEIJ G J, When biotas meet: Understanding biotic interchange[J]. Science, 1991, 253: 1099–1104.

VERON J E N. Corals in space and time: The biogeography and evolution of the Scleractinia[M]. Sydney: University of South Wales Press, 1995.

VILLAREAL T, ALTABET M, CULVER-RYMSZA K. Nitrogen transport by vertically migrating diatom mats in the North Pacific Ocean[J]. Nature, 1993, 363: 709–711.

VITOUSEK P M, et al. Human domination of Earth's ecosystems[J]. Science, 1997, 277: 494–499.

鷲谷いずみ，矢原徹. 保全生態学入門[M]. 東京：文一総合出版，1996.

WATERS T. The other grand canyon[J]. Earth, 1995, 12: 44–51.

WATSON R, PAULY D. Systematic distortions in world fisheries catch rends[J]. Nature, 2001, 414: 534–536.

WEBER P. Abandoned seas: Reversing the decline of the oceans[R]. Washington, D.C.: Worldwatch Institute, 1993.

WELLS J W. Coral reefs[M]//HEDGPETH J W. Treatise on marine ecology and paleoecology. Memoir 67, Vol. 1. New York: Geological Society of America, 1957: 609–631.

WELLS S M, BARZDO J G. International trade in marine species—Is CITES a useful control mechanism?[J]. Journal of Coastal Management, 1991, 19: 135–142.

WIEBE P H, FLIERI G R. Euphausiid invation/dispersal in Gulf Stream cold-core rings[J]. Australian Journal of Marine and Freshwater Research, 1983, 34: 625–652.

WIEGERT R G, POMEROY L R. The salt-marsh ecosystem: A synthesis[M]//POMEROY R, WIEGERT R G. The ecology of a salt marsh. New York: Springer-Verlag, 1981: 218–239.

WILKISON C R. Status of coral reefs of the world: 2004[R]. Townsville: Global Coral Reef Monitoring Network and Australian

Institute of Marine Science, 2004.

WILLIAMSON M. Marine biodiversity in its global context[M]// ORMOND R, GAGE J, ANGEL M. Marine biodiversity: Patterns and processes. Cambridge: Cambridge University Press, 1997: 1–17.

WILSON E O. Biophilia[M]. Cambridge: Harvard University Press, 1984.

WILSON E O, PETER M. Biodiversity[M]. Washington D.C.: National Academy Press, 1988.

WILSON R, Crouch E A C. Risk assessment and comparisons: An introduction[J]. Science, 1987, 236: 267–270.

WINDOM H L. GESAMP: Two decades of accomplishments[R]. London: International Maritime Organization, 1991.

WINSTON J E. Life in Antarctic depths[J]. Natural History, 1990: 70–75.

WIRTH T E. Values and political will[R]//SERAGELDIN I, BARRETT R. Ethics and spiritual values: Promoting environmentally sustainable development. Environmentally sustainable development proceedings series, No. 12. Washington, D.C.: World Bank, 1995: 29–31.

World Commission on Environment and Development. Our common future[M]. Oxford: Oxford University Press, 1987.

World Resources Institute. World resources 1987[M]. New York:

Basic Books, 1987.

World Resources Institute, International Institute for Environment and Development, UNEP. World resources 1988-89[M]. New York: Basic Books, 1988.

ZAITSEV Y P. Recent changes in the trophic structure of the Black Sea[J]. Fisheries Oceanography, 1992, 1: 180–189.

索引

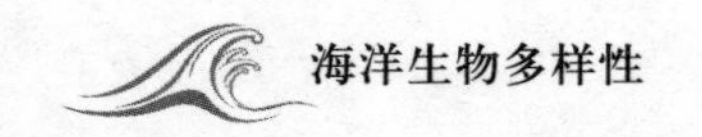

译后记

这本书进入我的视野源自中国科学院海洋研究所鱼类学家李春生老师。一次偶然的机会，他将我约到家中，取出日文原版书《海の生物多様性》，介绍说刘瑞玉先生认为这本关于海洋生物多样性的书非常有价值，且当时国内尚无这样题材的学术著作出版，于是委托精通日文的李春生老师翻译。但李老师当时已年过七旬，专注于他所热爱的鱼类方面的研究，没有更多精力做翻译工作。李老师得知我在日本东京海洋大学读的海洋生物方向的博士，与这本著作的研究方向接近；并且我在日本留学、工作、生活10余年，应能胜任翻译工作。于是，李老师希望我能接手这一重任。说来我与本书第一作者大森信先生有缘。我在东京海洋大学留学期间，所在的资源育成学科大楼三楼的一侧是我读研究生的藻类研究室，而三楼另一侧就是大森信先生的增殖生态研究室，因此和大森信先生是认识的。我当时就知道大森先生是他所在领域的著名学者！这次有缘翻译他的著作，我感到非常荣幸。虽然深知自己水平有限，但在李春生老师的鼓励下还是接受了这一任务。我们尽量保持了原作品的完整性，并不代表我们同意其中所有观点。

本书第二译者孙忠民之前与我一起在东京海洋大学的藻类实验室学习、研究，现在中国科学院海洋研究所工作。有他的大力帮助，翻译过程较为顺利。本书的译就得益于在日本留学期间有贺祐胜先生与田中次郎老师对我们在相关领域的培养，还有我的大师兄也是我的老师，现为厦门大学教授的高坤山老师的亲自指导！另外，还要感谢中国科学院海洋研究所王广策老师的无私帮助。特此向上述老师深表谢意！最后也感谢我的家人，特别是我母亲龚丽华和我夫人赵瑛在翻译过程中的支持与鼓励！

季　琰

2018年7月